韓国併合と日本軍憲兵隊

韓国植民地化過程における役割

李升熙［著］

新泉社

韓国併合と日本軍憲兵隊

韓国併合と日本軍憲兵隊 ◎ **目 次**

装幀 勝木雄二

凡例

1　年号はすべて西暦を用いている。

2　一八九七年に国号を「大韓帝国」と改称するまでの時期は韓国を「朝鮮」と称すべきではあるが、紛らわしさを避けるため、本書では史料中に表記された部分以外には便宜上「韓国」と通称した。

3　韓国併合以前における韓国の首都の名称は「漢城《ハンソン》」であり、「京城」の場合もあるが、史料中の表記、もしくは駐屯部隊名として使われた場合以外は「ソウル」に統一した。

4　史料の引用に際し、旧漢字は新漢字に改め、句読点を適宜施した。

5　史料中の〔　〕は引用者の註記である。

序　章

植民地と憲兵

第1節　本研究の意義

憲兵という軍の警察組織を用いた民衆弾圧は、帝国日本の特徴的な支配方式であり、とりわけそれは植民地において顕著であった。日本による植民地化の進展に伴い、その機構と権限を拡張してゆく現地憲兵の様相は、まさに植民地化のバロメーターとも呼ぶべきものであった。その典型的な例が駐韓日本軍憲兵隊である。

韓国における日本軍憲兵隊は、一八九六年一月二五日、韓国内における日本の軍用電信線保護を名目として「臨時憲兵隊」が創設され、韓国へ派遣されてから、日本による韓国植民地化の進展とともに拡張を続けた。韓国併合を目前にした、一九一〇年六月二四日に調印された「韓国警察事務委託に関する覚書」と、それに伴う六月二九日公布の「統監府警察官官署制」とその関係勅令により、[1]「憲兵警察制度」が成立し、韓国の警察権は軍事組織である駐韓日本軍憲兵隊に掌握されることになった。この極めて軍事色の強い支配形態から、この制度が施行された一九一〇年代は、「武断政治」期、あるいは「憲兵政治」期といわれるようになる。

さらに、この「憲兵警察制度」は日本統治下の関東州と満州国にも波及することになる。[2]このことからも韓国に日本の憲兵隊がどのように導入・運用されたかという問題は、単なる植民地一地域研究の枠を越え、帝国日本による植民地支配構造の全体像や、その連続性を解明していく作業として大きな意義をもつといえる。

第2節　先行研究の整理

駐韓日本軍憲兵隊についての研究は、韓国併合を境にして大きく二つに分けることができる。とりわけ併合後の憲兵隊に関する研究は、主に「憲兵警察制度」に基づいた「武断政治」の暴力性を強調し、実態を糾明することに集中している。(3) 一方、併合以前に関する研究は、その多くが一九〇七年を前後にした義兵闘争高揚に伴う駐韓日本軍憲兵隊の本格的な拡張期に焦点を合わせている。両方とも植民地化過程における武力弾圧装置としての憲兵の役割の重要性については常に意識されながらも、それ以外の要因、例えば憲兵と高等警察任務などとの関連に関しては十分な究明を行ってこなかった。(4) さらに日本の憲兵隊が初めて韓国へ派遣された導入期についての検討は、ほとんど行われていない状況である。

一九〇四年の日露戦争から一九一〇年の韓国併合期までにおける駐韓日本軍憲兵隊を検討対象とする代表的な研究として、松田利彦氏の著作が挙げられる。(5) 松田氏の研究は、日露戦争以後、駐韓日本軍憲兵隊が組織を拡大させながら、韓国の警察権を掌握していく過程を体系的かつ緻密に分析した先駆的な業績である。ただし、憲兵隊の拡張を可能にした理由として、義兵闘争高揚期、ゲリラ化した義兵の鎮圧には小部隊編成・分散配置が可能な憲兵隊の方が、守備隊より義兵の鎮圧戦に適していたと説明している。「憲兵優位論」ともいうべきものであるが、それは当時の憲兵隊側の拡張論理であり、実際、武力に優れている守備隊の方が韓国併合まで義兵鎮圧戦の主役であった事実を見逃している。松田氏が憲兵優位の論拠としている『朝鮮暴徒討伐誌』[6]の付表は、最も有名な義兵鎮圧統計表であるが、一九〇九年に日本軍が行った最大の義兵鎮圧作戦であった、いわゆる「南韓暴徒大討伐作戦」の結果が統計から抜けているため、その数字の信憑性には大いに疑問がある（この点については後述〔一〇八〜一一四頁〕する）。憲兵優位論だけでは、駐韓日本軍憲兵隊の拡張要因を説得的に説明できるとは言い難く、それは憲兵の役割を武力的な要因に求めた結果ともいえる。

一方、韓国併合過程の中で憲兵警察制度を分析した研究としては、海野福寿『韓国併合史の研究』（岩波書店、二〇〇〇年）がある。海野氏の研究は、基本的に日韓間で締結された条約を中心に日本の韓国侵略過程を考察したものであるため、多くの紙面を外交交渉など条約締結過程に割いているが、併合条約の締結を目前とした時期に関する研究では、併合に備えて憲警統一を進める駐韓憲兵隊を中心に、日本軍の抗日義兵闘争弾圧について実証的な分析を行うことで、韓国併合と憲兵警察制度との関連性についての研究に大きな示唆を与えてくれた。

最近は駐韓日本軍憲兵隊そのものではなく、焦点を変え、憲兵隊に従属していた韓国人憲兵補助員を対象とした研究が活発に行われているのも特徴的である。[7]とりわけ慎蒼宇氏の一連の研究は、[8]従来の植民地化過程における日本軍憲兵隊自体の武力的な役割に注目しがちな傾向から離れ、「抵抗」をやめ、憲兵隊組織に組み込まれた韓国人の対日協力者、いわゆる「親日派」と呼ばれる憲兵補助員の役割に着目し、彼らの意識背景にまで踏み込んだ実態の分析を試みたことで注目に値する。

第3節　本書の課題

以上のような既存の研究成果と問題意識を再検証しながら、本書では、日清戦争後、軍用電信線保護を名目に、韓国へ日本軍憲兵隊が初めて派遣された時期から、「憲兵警察制度」が成立し、韓国の一般警務にまで憲兵隊が介入することになる韓国併合期までを扱う。そして韓国植民地化過程における日本軍憲兵隊の役割と、その機構拡張の論理について、以下の諸側面に注意しながら考察し、駐韓日本軍憲兵隊の本質について検証する。

第一に、日本の憲兵隊が韓国へ派遣されることになった理由と目的について、できる限り詳しく検討する。これは、従来の研究では等閑視されてきた「臨時憲兵隊」の位置づけを行う作業でもあり、以後の憲兵拡張論理の究明にもつながる不可欠の課題である。

第二に、韓国における憲兵隊機構拡張の要因は、義兵闘争鎮圧において憲兵隊の方が他機関より「優秀」

であったためとする、従来の通説的見解が果たして正しいか否かを究明する。義兵闘争の高揚という外的要因はもちろんのこと、内的要因も含めて考察する必要がある。

第三に、韓国の植民地化の進展により駐韓日本軍憲兵隊の役割はどのように変化したのかを、時系列に追いかける。この作業のためには、日本の韓国治安維持構想の変化様相も併せて検討しなければならない。

第四に、韓国併合と憲兵隊拡張との関連性について明らかにする。憲警統一がもつ本当の意味を究明するためには必要な作業であり、これを通じて駐韓日本軍憲兵隊の本質も見えてくると思われる。

第4節　本書の構成

本書は、序章・本論第1章~第4章・終章から成っている。

第1章「「臨時憲兵隊」の韓国派遣」では、駐韓日本軍憲兵隊を理解するためのアウトラインとして、第1節において、「臨時憲兵隊」が設立された時期における日本憲兵の特徴について概観し、日本国内の憲兵と最初の植民地派遣憲兵であった台湾憲兵隊の設置目的と職務に関して整理しておく。第2節では、韓国に日本の憲兵隊が派遣されるようになった背景要因を確認した上で、「臨時憲兵隊」の創設・派遣過程を検討し、韓国におけるその活動の特徴について分析する。

第2章「義兵闘争の高揚と駐韓日本軍憲兵隊の拡張」では、第1節において、日露戦争直前の編成改正によって、臨時から常設機関へと変わった駐韓日本軍憲兵隊が、日露戦争を通じてその権限を拡大してゆく様相を追う。第2節では、文官警察重視の方針をとっていた伊藤博文統監が、義兵闘争の高揚と、日本軍守備隊による韓国民虐殺の国際問題化をきっかけに、警察機関としての憲兵の役割に注目し、憲兵重視の方針に変化する過程を中心に検討する。そして第3節では、駐韓日本軍憲兵隊の急激な組織拡張をもたらした憲兵補助員制度について検討する。また、憲兵組織の拡大を目指してきた駐韓日本軍憲兵隊側の拡張論理を分析し、「憲兵優位論」の問題点を明らかにする。

第3章「「南韓暴徒大討伐作戦」における駐韓日本軍憲兵隊」では、第1節において、伊藤統監の義兵懐柔策における駐韓日本軍憲兵隊の役割について検討し、また、統監交代による影響について考察する。第2節では、「南韓暴徒大討伐作戦」の詳細について分析し、作戦における駐韓日本軍憲兵隊の役割について検討する。また、作戦実施によりもたらされた結果とその影響について分析する。

第4章「韓国併合期における駐韓日本軍憲兵隊」では、第1節において、憲警統一を目指す軍・憲兵側と、それに反対する警察側の対立について考察し、「憲兵警察制度」成立過程とその問題点について検討する。第2節では、韓国併合過程における駐韓日本軍憲兵隊の役割について分析し、最後に、完全に植民地「朝鮮」となった後の韓国における駐韓日本軍憲兵隊の位置について検討する。

註

（1）『官報』一九一〇年六月二九日。
（2）その関連性についての研究も、飯嶋満「戦争・植民地支配の軍事装置――憲兵の活動を中心に」（山田朗編『戦争II　近代戦争の兵器と思想動員』青木書店、二〇〇六年）、松田利彦「近代日本植民地における「憲兵警察制度」に見る「統治様式の遷移」――朝鮮から関東州・「満州国」へ」（『日本研究』三五、国際日本文化研究センター、二〇〇七年五月）などが、近年出はじめている状況である。
（3）代表的な研究として、金龍徳「憲兵警察制度의 成立」（『金載元博士回甲論叢』金載元博士回甲記念論叢編輯委員会、一九六九年）、松田利彦「日本統治下の朝鮮における警察機構の改編――憲兵警察制度から普通警察制度への転換をめぐって」（『史林』七四―五、史学研究会、一九九一年九月）、「日本統治下の朝鮮における憲兵警察機構（一九一〇～一九一九年）」（『史林』七八―六、史学研究会、一九九五年一一月）、辛珠柏「一九一〇年代日帝의 朝鮮統治와 朝鮮駐屯 日本軍――'朝鮮軍'과 憲兵警察制度를 중심으로」（『韓国史研究』一〇九、二〇〇〇年六月）などが挙げられる。
（4）例えば、大江志乃夫『日露戦争と日本軍隊』（立風書房、一九八七年）では、駐韓憲兵拡張の理由を軍事史的な立場から、師団編成改編問題により軍の海外派遣ができる状況ではなく、「韓国内の人民に対する軍事的制圧の武力として拡充されたのが韓国駐箚憲兵隊」（三八二頁）であるとしている。さらに、義兵鎮圧作戦における守備隊・憲兵隊・警察の役割を総体的に把握しようと試みた、辛珠柏「湖南義兵에 対한 日本軍・憲兵・警察의 弾圧作戦」（『歴史教育』八七、二〇〇三年九月）」においても同様な傾向が見られる。
（5）松田利彦「朝鮮植民地化の過程における警察機構（一九〇四～一九一〇年）」（『朝鮮史研究会論文集』三一、一九九三年一〇月）、「韓国併合前夜のエジプト警察制度調査――韓国内部警務局長松井茂の構想に関連して」（『史林』八三―一、二〇〇〇年一月）。
（6）朝鮮駐箚軍司令部編『朝鮮暴徒討伐誌』（朝鮮総督官房総務局、一九一三年）。

（7）　憲兵補助員に対する先駆的な研究としては、権九薫「日帝 韓国駐箚軍憲兵隊의 憲兵補助員研究」（『史学研究』五五・五六、一九九八年一〇月）が挙げられる。

（8）　慎蒼宇「憲兵補助員制度の治安維持政策的意味とその実態――一九〇八年～一九一〇年を中心に」（『朝鮮史研究会論文集』三九、二〇〇一年一〇月）、「武断統治期における朝鮮人憲兵補助員の考察」（『歴史学研究』七九三、二〇〇四年一〇月）、「朝鮮植民地化過程における警察と民衆――一九〇四～一九〇七年を中心に」（『朝鮮史研究会論文集』四四、二〇〇六年一〇月）。

第１章

「臨時憲兵隊」の韓国派遣

日本の憲兵は、日本国内に駐屯する、いわゆる内地憲兵隊と、占領地、植民地に派遣された外地憲兵隊に大きく分けられる。(1) 日本の憲兵は、一八八一年、当時の陸軍卿であった大山巌がフランスの憲兵制度を模範に導入したとされる。フランスの憲兵制では、軍事警察の任務はもちろんのこと、行政・司法警察の任務も併せて憲兵が担っており、その影響を受けて日本においても、憲兵は本来の職掌たる軍事警察のみならず、普通警察の権限ももっているとされた。(2)

一八九六年一月、韓国へ派遣された「臨時憲兵隊」は、日清戦争終結後も引き続き行われる韓国民の攻撃から日本の軍用電信線を守ることを目的とされた。同年五月には、日露両国間に締結された「小村・ウェーバー協定」の秘密協約により、ソウル—釜山間の軍用電信線保護を名目として韓国内に日本憲兵を配置することをロシアから認められる。その後、日露戦争期を通じて、駐韓日本軍憲兵隊は「治安」を守る機関として本格的な活動を始めていく。(3) このような状況の中で最初、軍用電信線保護を名目に韓国に「臨時憲兵隊」が創設・派遣されることになった背景要因と、その役割はいかなるものであったか、を検討するのが本章の課題である。また、日露戦争を通じて駐韓憲兵隊の任務が治安維持にまで拡大されていく様相を整理し、韓国で行われた軍用電信線の「無断」架設という通信権侵奪が、以後の韓国における日本軍憲兵隊の拡張とどのように結び付けられるのかについて究明することにしよう。

第１節　日本憲兵の特徴

１　日本国内の憲兵

フランス憲兵制度を模範として、日本に初めて憲兵制度が導入されたのは一八八一年である。西南戦争、自由民権運動の高揚、そして一八七八年に起きた近衛兵の反乱事件である竹橋騒動がそのきっかけになったといわれる。(4) 一八八一年一月一四日、太政官達第四号によって陸軍内に憲兵が設置され、同年三月一一日には太政官第一一号によって「憲兵条例」が制定された。この憲兵制導入を決定したとされるのが、前年の一八八〇年まで内務大輔兼警視局長を歴任し、警察を指揮した経歴をもつ、当時の陸軍卿であった大山巌である。(5) 後に大山自身も「先年洋行中、欧洲各国ニテハ悉ク憲兵ヲ設置シアリマシタガ、是レハドンナ場合ニ用ニ立ツモノカ不明デアツタケレトモ、イツカ用ニ立ツ事アラント当時反対者アリタルニモ係ラス、自分ハ之ガ設置ヲ主張シテ始メテ日本ニ憲兵ヲ置クコトニナツタ」と回顧しているように、(6) 憲兵制導入に大きく関わっていた。また、司法官僚として「治罪法」の制定（一八八〇年）など、法制度整備に携わってきた清浦奎吾も、憲兵制度の導入と「憲兵条例」の制定に深く関与していたとされる。西南戦争後、「政府部内ニ憲兵設置ノ議起リ、爾来、仏ノ憲兵制度ヲ研究、遂ニ是ヲ設置スルニ至レルモノニテ、最モ之ニ尽力セルハ警保局長清浦奎吾氏ナリ」とまでいわれ、また「現清浦子爵ハ当時已ニ司法省講師タルフランス人ボアソナードニ就キ仏ノ憲兵制度ヲ研究シ、我国ニモ之レカ必要ヲ力説セル由ニテ、現ニ当時憲兵司令部ニ来リ仏憲兵ニ就テ講演セラレタルコトアリタリ」といわれるように、清浦は日本にフランス憲兵制度を導入することに大きな役割を果たした人物であったと思われる。(7)

一九一三年に書かれた田崎治久『日本之憲兵』によれば、憲兵設置の目的を「第一、軍人ノ名誉ヲ保護スルコト。第二、帝国軍隊ニ於ケル軍事上ノ秘密漏洩ヲ防止スルコト。第三、戦時ニ際シテ軍隊ノ戦闘力ヲ警察務ニ分割セラレザルコト。第四、軍事警察ノ付属業務トシテ普通行政警察及司法警察ヲ掌ラシムルノ便宜アルコト」であるとしている。(8)「第一」から「第三」までは、上記した時代背景から、軍内の秩序維持、軍事機密保持、犯罪捜査などという憲兵の基本的な職務と関係している普遍的なものであるが、注目すべきは「第四」である。つまり、憲兵は本来の任務である軍事警察以外にも行政・司法警察という普通警察の任務をも担う目的で設立されたとしているのである。「憲兵設置は二重警察機構である」という反対意見が出たわけである。(9)憲兵のもつ普通警察の権限については、「憲兵条例」にも明確に定められている。一八八一年に制定された「憲兵条例」の主要な条項は以下のとおりである。

第一条　凡ソ憲兵は陸軍兵科ノ一部ニ位シ、巡案検察ノ事ヲ掌リ軍人ノ非違ヲ視察シ、行政警察及ヒ司法警察ノ事ヲ兼ネ、内務・海軍・司法ノ三省ニ兼隷シテ国内ノ安寧ヲ掌ル。其戦時外寇及ヒ非常内乱ノ際ニ於ケル服役ノ方法ハ別ニ之ヲ定ム。

第三条 憲兵ノ職掌、其軍紀ノ検察ニ係ル事ハ陸海軍両省ニ隷シ、行政警察ニ係ル事ハ内務省ニ隷シ、司法警察ニ係ル事ハ司法省ニ隷ス。

第四条 憲兵ハ其職務ニ関シ、警視総府知事県令（東京府知事ヲ除ク）並ニ各裁判所検事ヨリ指示ヲ受クル時ハ、直ニ其事ニ従フベシ。

第七条 巡察中、若シ警察ノ職権ヲ有スル者、又ハ巡査ヨリ幇助《ほうじょ》ヲ要求スルコトアラハ直チニ応援シ、或ハ代ツテ其事ヲ掌ル。又、時宜ニ依リ憲兵ヨリ巡査ニ補助ヲ求ムルコトヲ得。(10)

このように憲兵条例の中においても憲兵の基本職務たる軍事警察はもちろん、行政・司法警察という一般の普通警察をも内務省と司法省の隷属下で兼任できるとされ、また一般警察と憲兵間の相互補助について定められたのである。この権限の特徴は、以後も基本的に変わることはなく、一八八九年三月二八日の憲兵条例改正でも第一条で「憲兵ハ陸軍兵ノ一ニシテ、陸軍大臣ノ管轄ニ属シ、軍事警察、行政警察、司法警察ヲ掌ル。其戦時若クハ事変ニ際シ、特ニ要スル服務ハ別ニ之ヲ定ム」と、より明確にされ、その隷属も、第二条で「憲兵ノ職掌軍事警察ニ係ル事ハ陸海軍大臣ニ隷シ、行政警察ニ係ル事ハ内務大臣ニ隷シ、司法警察ニ係ル事ハ司法大臣ニ隷ス」と変わっていない。(11) 全文が改正された一八九八年一一月二九日の憲兵条例でも、第一条に「憲兵ハ陸軍大臣ノ管轄ニ属シ、主トシテ軍事警察ヲ掌リ、兼テ行政警察司法警察ヲ掌ル」、第二条に「憲兵ハ其ノ職務ノ執行ニ付、軍事警察ニ係ルモノハ陸軍大臣及海軍大臣、行政警察ニ係ルモノハ内務大臣、司法警察ニ係ルモノハ司法大臣ノ指揮を受ク」とされ、隷属は従来と変わらず、軍事警察を憲兵の主務としながらも、行政・司法警察も兼務すると定められた[12]。これらは一九二九年に「憲兵条例」が「憲兵令」[13]に改称されてからも変わることはなかった。このように、憲兵は陸軍内におかれた軍隊組織でありながら、その枠を越え一般の普通警察権をも執行できる機関とされたのである。

一方、上記した大山の回顧談でも述べられていたように、日本に憲兵制度を導入することに批判的な「反対者」も少なからずいた。彼ら反対論者の代表的な意見としては、当時、駐英公使館の一等書記官見習いとしてイギリスに渡っていた末松謙澄が、「憲兵条例」制定の三カ月後である一八八一年六月三日に作成した「論憲兵設置之非」[14]という論文が挙げられる。この中で末松は、憲兵の設置と「憲兵条例」の内容に対し、痛烈に批判をしている。まず、憲兵設置の必要性を認める側が、「政府ハ嚮《さき》ニ会計節減ヲ旨トシ、警視局定額ヲ減少シ、随テ警察ノ人員ヲ減少セザルヲ得ザルコトヲ致セシガ故ニ、憲兵ノ設置ヲ以テ之ヲ補フヲ要スルナリ」と、政府予算上の問題のために憲兵設置が必要であると主張することに対し、末松は「是レ甚ダ不通ノ論」であるとし、「況ヤ警視ノ減額ト憲兵設置ノ全費トハ出入甚ダ相償ザル可キニ於テヲヤ」と反論している。また「憲兵ノ設置シ、幾分ノ新額ヲ陸軍ニ増加セントス」と目論んでいるとし、憲兵の設置が陸軍の予算増加につながると警戒心を表していた。次に、「憲兵ノ設置ハ兵隊制禦ニ必要ナリ」という意見に対しては、「軍政ニ関スル者」には批判を控えるようにしながらも、「其常人ノ警察ニ関シ、彼レガ如キノ大権ヲ与フルハ、謙澄未ダ全ク之ヲ解スルコト能ハズ」と、憲兵に普通警察の権限まで与えたことに対しては反発している。そして次に、「日本ノ形勢ヲ以テスレバ、憲兵ノ力ヲ用ヒザレバ、行政ノ大任ヲ奉行スルコト能ハズ」という意見に対しては、「日本ノ形勢未ダ如此《かくのごとし》ノ甚キニ至ラザルモノアルニ似タリ」と疑問を呈しながら、「同志諸彦ト共ニ、憲兵ヲ用ヒズシテ、謹ンデ行政ノ後ニ従ヒ、敢テ其任ヲ辞セザル可シ」と、行政への憲兵介入が不必要であることを強調している。最後に、「従前、東京警視ノ法未ダ其善ヲ尽サズ、故ニ憲兵ノ設置ハ之ヲ橈《たわ》ムルノ必要ニ出シナリ」という意見に対しては、「東京警視ノ旧弊ヲ橈メント欲セバ、他ニ其法ナキニアラズ」とし、憲兵の設置のみが警察力の充実を図れる唯一の問題解決方法ではないと主張していた。

特に注目すべきは、上記の「憲兵条例」で定められた憲兵の行政・司法警察権限についての批判である。末松は、「是レ明ニ日本警察ノ制ヲ一変シ、稍《やや》文治ヲ棄テ武治ニ赴ク者トセザルヲ得ス、之ヲ明治新政ノ本旨ニ適セリト云フベケンヤ」とまで述べながら、軍事組織である憲兵が普通警察任務をも行うことについて激しく反発している。また、「憲兵ノ誤用ニ陥リ易キハ薄氷ヲ履ムヨリモ甚シ。決シテ泰然安堵ス可ラザルナリ」と主張しているように、運用方法が定まっておらず、職務権限の境界線が曖昧な憲兵利用の危うさを指摘していたのである。後に日本が韓国において「憲兵警察制度」を実施する際にも、これらと同じような議論が繰り返されたことは興味深い。

以上のような反発があったためか、実際に憲兵が日本国内において行政・司法警察権を行使した例は少ないとされる。しかし、衆議院議員選挙における政府の選挙大干渉に反発して起こった地方の暴動を鎮圧するため、設置間もない時期である一八九二年一月三〇日には高知県、二月一五日には佐賀県、一八九四年二月三日には栃木県、同一六日には鹿児島県、同二四日には長野県と愛媛県に憲兵が派遣されるなど[15]、治安維持を目的に、憲兵は民衆の騒動・暴動に対する鎮圧にしばしば動員されていたのである[16]。植民地における民衆蜂起、反日運動などに対して憲兵が投入されたのは、このような経緯からであると思われる。

2　植民地憲兵――台湾憲兵隊

日本憲兵のもう一つの特徴というべきものが植民地における憲兵の活用である。[17] 台湾憲兵隊は、初めて植民地に派遣された日本の憲兵隊であるため、その後に植民地とされる韓国へ少なからず影響を及ぼした。日清戦争の勝利によって台湾の領有を清国に認めさせた日本は、それに抵抗する台湾住民に対する制圧に乗り出し、その占領地統治機関として一八九五年五月には台北に台湾総督府が設置された。最初、日本の憲兵隊は台湾占領軍付きの部隊として二八〇人が派遣されたが[18]、抵抗運動の激化と軍政の開始に伴い、軍事警察だけではなく普通警察も担うことになる。

一八九六年二月一三日、当時の陸軍大臣である大山巌は、参謀総長の彰仁《あきひと》親王に送った文書の中で、台湾に憲兵を新しく配備し直すことに関して協議を求めている。[19] この大山の請議により政府内で審査が行われ、「現在ノ台湾憲兵隊ハ臨時編成ニシテ、一時ノ仮設ニ過キス。然ルニ、同島ニ於ケル諸般制度ノ制定ニ伴ヒ、同島ニ於ケル憲兵隊モ亦、常設ノ制ト為サンカタメ本案ノ制定ヲ要スル」とされ、台湾憲兵隊を「臨時」から「常設」機関に変えることが決まり[20]、同年四月には軍政も廃止された。これにより同年五月二五日に制定された「台湾憲兵隊条例」では、台湾憲兵隊の職務と隷属について次のように明示している。

第一条　台湾憲兵隊ハ陸軍兵ノ一ニシテ、陸軍大臣ノ管轄ニ属シ、台湾総督之ヲ統率シ、総督府管下ニ於ケル軍事警察、行政警察及司法警察ノ事務ヲ執行セシム。其ノ他特ニ要スル服務ノ規程ハ台湾総督之ヲ定ム。

第二条　憲兵ノ職掌軍事警察ニ係ルモノハ台湾総督府軍務局長ニ隷シ、行政警察及司法警察ニ係ルモノハ台湾総督府民政局長ニ隷ス。[21]

これにより、台湾憲兵隊は、平時編成の憲兵隊になり、軍事警察、普通警察を執行するように定められたが、統率権は台湾総督に与えられていたのが特徴であった。憲兵隊条例制定と同時に、台北に司令部が設置され、司令官の萩原貞固憲兵大佐以下二二六〇人が配置された。[22]以後、台湾憲兵隊は「専ら土匪の捜索逮捕」する「土匪鎮圧」機関としての役割を担うこととなる。[23]

一八九七年九月二二日に行われた憲兵隊条例改正によって「台湾憲兵隊条例」は廃止され、台湾憲兵司令部も廃止された。「憲兵条例」に台湾憲兵隊に関する条項が追加されることになり、[24]台湾憲兵隊は日本国内の内地憲兵隊に組み込まれることとなったのである。この時期から一八九八年一一月までの鎮圧方式は「三段警備」といわれるもので、台湾憲兵の特徴的な方式であった。その内容は、「平地の最も静謐《せいひつ》なる場所（都市の如き）は警察官の事務区域とし、僻遠《へきえん》の地にして尚土賊の出没する地方は憲兵警察の共同職務執行区域とし、又同地域より以外蓄界に亘《わた》る山間僻陬《へきすう》の地にして土匪の勢力範囲に属し、特に威力鎮圧を要する区域を以て軍隊憲兵の共同行動区域と限定した」もので、[25]戦闘能力と警察力が反比例する守備隊、憲兵、警察の三つの機関を、鎮圧の必要度に応じて配置するというものであった。この「三段警備」方式は、後に韓国の義兵鎮圧や、憲警統一をめぐる論争の中でも参考とされるほど有名であった。

しかし、これ以降は、「土匪招降策」という帰順策の成功と、[26]台湾における文官警察の拡充とともに、台湾の憲兵隊は、その規模を縮小されていき、一九〇三年ごろには四〇四人に人員が減少していくようになる。台湾憲兵隊は初めての植民地憲兵ということで、大きな意味をもつが、その活動は主に「討伐」戦が中心であったことから、韓国植民地化過程における憲兵隊とは異なる役割を担っていたと思われる。日本の植民地憲兵の典型となったのは、韓国へ派遣された憲兵隊である。[27]

第2節 「臨時憲兵隊」

1 日本憲兵隊の韓国派遣の背景——軍用電信線強行架設問題と韓国民の抵抗

一八九四年八月、日清戦争開戦以前における韓国政府の電信線は清国の管理下におかれていた。[28]したがって、日本としては開戦を前にして軍通信の安全確保は至急を要する事項であった。そのために韓国政府所有の既存の電信線を接収するか、自前の確実な軍用電信線を架設する必要があった。日本はソウル—釜山間の電信線の不通が続くことを口実に、[29]韓国政府の反対を無視し、同区間に軍用電信線の架設を計画した。六月二二日、陸奥宗光外務大臣は大鳥圭介駐韓公使への訓令で「此際、朝鮮政府ニ迫リテ京城、釜山間ノ電信線ヲ修復セシムベキ事。尤《もっとも》同政府ニ於テ其言ヲ遷延、決セザル場合ニ於テハ、一方ニハ我陸軍軍隊ニ於テ其工事ヲ担当シ、一方ニハ其事ヲ朝鮮政府ニ通報スル事」を指示している。(30) これを受け大鳥公使は、韓国政府に「(一) 日本政府ハ京釜間ニ軍用電信線ヲ架設スヘシ」で始まる四カ条の要求事項を送った後、(31) 七月一六日に大島義昌混成第九旅団長に次のような電文を送った。

京釜間電信架設之義ハ本日朝鮮政府へ通知済ニ付、御都合次第着手相成リ候而差支無之《これなく》候。尤モ右ハ朝鮮政府ニテ断然拒絶シタルモノヲ我ヨリ推シテ架設致候義ニ付、着手ノ際、或ハ彼ヨリ妨碍ヲ与フヘキモ難斗《はかりがたし》、左候時ハ可成《なるべく》穏和ノ手段ヲ以テ之ヲ制止シ、以テ成功ニ至リ候様御取斗《とりはかり》相成度候。尤モ朝鮮官民カ暴力ヲ以テ妨碍ヲ与フルカ、又ハ清国人等、傍ヨリ妨碍ヲ与フル如キ場合有之《これあり》候ハヽ、時宜ニ依リ臨機ノ御処分相成候而《て》可然《しかるべし》ト存候。依而《て》此段申進候也。(32)

つまり、日本側もソウル―釜山間の電信線架設工事が韓国政府の承認を得ず、一方的な通告による強制的措置であると自認し、予想される韓国官民らの抵抗に対する対応策を派遣軍の部隊長に指示していたのである。この架設工事は日本本国から派遣されてきた第一、第二電信架設支隊により七月下旬着工され、八月中旬に完了した。(33)

戦争が始まると、八月二〇日、日韓間に「日朝暫定合同条款」が日本軍の武力を背景に強制的に締結され、

「京釜両地及ヒ京仁両地間ニ於テ、日本政府ヨリ既ニ架設シタル軍用電信ハ、時宜ヲ酌量シテ、条款ヲ訂立シ以テ其存留ヲ図ル可シ」という条文を通じ、日本は無断に架設した軍用電線の「合法化」と持続的な支配を図った。(34) 戦争終結後も、一八九六年五月一四日の「小村・ウェーバー協定」と、六月九日の「山県・ロバノフ協定」の秘密協約により、韓国ソウル以南の軍用電信線運用の権利をロシアから保障された日本は、通信の安全を口実に韓国政府の軍用電信線撤去要求を拒否し続けたのである。しかし一方でロシアの牽制により、日本軍は韓国内において新たな軍用電信線を架設することが、日露戦争直前まで事実上不可能になった。

このような日本軍の不法な軍用電信線の無断架設行為は、韓国国益に対する侵奪行為として韓国民の反感を招き、一般民衆が抵抗運動の一環として軍用電信線を切断したり、電柱を破壊するなどの事件が頻繁に起こるようになる。一般民衆にとって電信線に対する破壊行動は、強大な日本軍に対し簡単に行える妨害手段であり、かつ効果的に打撃を与えられるものであったと考えられる。

東学農民軍が両湖巡辺使である李元会に弊政改革のための要求として出した「原情」一四カ条の中に、「電報は民間に弊が多いので革破すること」という条項が入っていたことからも、電信線に対する民衆の憎悪と抵抗意識が感じられる。これは日本軍の電信線に対する攻撃へと繋がったのである。実際、一八九四年九月二四日、室田義文釜山総領事は本国の陸奥宗光外務大臣あてに送った電文の中で、ソウル―釜山間の軍用電信線は開通以来一カ月半も経過していないにもかかわらず、すでに九回も不通になっていると、電信線破壊事件の多さを報告している。(35)

一方、九月一一日、川上操六兵站総監は電信線不通のため、郵便で次のような訓令を伝えた。

台封〔慶尚北道〕附近ニ支那人数名潜匿シ、巧ミニ朝鮮人ヲ教唆シテ、或ハ電信線ヲ切断シ、或ハ人夫及ヒ糧食ノ徴発ヲ妨碍スル等、我軍隊ニ不利益ヲ与ヘンコトヲ謀ル者アリト聞ク。果シテ斯《かく》ノ如キ者アリテハ将来我軍ノ為メニ如何ナル妨碍ヲ為スヘキヤモ計リ難キヲ以テ、速ニ之ヲ捜索逮捕シ、以テ禍根ヲ鋤去《じょきょ》スルコト緊要ナリ。貴官ハ金銭ヲ吝《おし》マス百般ノ方法ヲ尽シテ厳重ニ捜索シ、急ニ之ヲ捕獲センコトヲ勉ムヘシ。[36]

この中で日本軍側は清国兵が電信線切断事件に関与しているかもしれないという事実に深い憂慮を抱いている。それは実際に清国兵により日本軍の電信線が切断されるなどの妨害行為が少なからず行われていたことも意味するものであった。[37]

九月一八日には「吉見ヨリ其地〔洛東〕ノ南一里余ノ処ニ電信破壊ノ者アリ。東学党四十名居リシトノ報アリ。已《すで》ニ達シタル支那人云々《うんぬん》ノコト関係アラン。至急厳重ノ処分ヲ為《な》セ」という報告があり、[38]また一八九五年二月にはソウルの慕華峴でも日本軍用電信線の切断事件が起きるなど、[39]各地で軍用電信線に対する破壊行為が絶えなかったのである。堪えかねた日本は駐韓公使を通じて、韓国各地方官吏に電線を切断した犯人を捕らえ処罰し、軍用電信線の保護に努めさせるよう、韓国政府に要請したほどであった。[40]

このような韓国民の日本軍用電信線に対する攻撃に対応するため、日本軍は架設工事の初期段階から電信線の保護に注意を払っていた。まず日清戦争直前の六月二七日、軍用電信線架設のため韓国に派遣される第一、第二電線架設支隊司令官らに「電線ヲ破壊シ或ハ工事ヲ沮礙《そがい》シ、或ハ其他ノ方法ヲ持テ」軍用電信線の架設の「目的ヲ妨害セントスル者アラハ、適宜ノ方法ヲ用ヰ之ヲ排除スル事ヲ計ルヘシ」という熾仁《たるひと》親王参謀総長の訓令を伝えた(41)。

また開戦と同時に韓国へ設置された兵站部にも軍用電信線保護の任務を与えた。一八九四年九月一日、古川宣誉中路兵站監は「新設兵站司令官ヘノ命令」の中で、「貴官ハ速カニ兵站地ニ至リ、兵站勤務令ガ定ムル所ニ従ヒ直チニ業務ニ就キ、為シ得ル限リ地方ノ最高官吏ト直接談判シ、人馬ノ供給方ヲ弁シ、兵站一般ノ任務ヲ全フシ、通行軍隊其他ノ利便ヲ図リ、軍用電線ノ保護及ヒ道路ノ補修繕等ニ就テハ工兵隊ノ補助ヲ与エ、都《すべ》テ兵站地ノ安全ト勤務ノ敏活トヲ謀ルベシ」との指示を下した(42)。続いて一一月七日には、川上兵站総監の命令で「電線ヲ保護シ出征軍ト本国ノ交通ヲ確実ニスル事」が兵站司令官に伝えられた(43)。

軍用電線の保護とは、結局、その攻撃者である韓国民に対する過酷な弾圧を意味し、一八九四年九月二日、大邱の馬屋原少佐への訓令では、「其地ヨリ二里余ノ所ニテ又々韓人電柱ヲ折リ電線ヲ切リタル由、観〔察〕使ニ厳談シ朝鮮巡査ヲモ出サシメ、一方ニ於テハ地方ニ責任ヲ帯ハシムル取計アリタシ。明日ハ守備兵モ出発セシム。以後、又々切ル者アラハ責任アル村ハ焼払ヒ、其人民ハ撃殺スヘシ位ノ勢ヲ見セ談シラレタシ」という強硬な対応が指示されていた(44)。実際にも一〇月下旬、永柔の黄賛洙という人が電信線の切断を図ったという嫌疑だけで、日本軍によって梟首《きょうしゅ》に処されるなど、各地で韓国民に対する強硬対応が相次いだ(45)。日本軍のいう「適宜ノ方法」がどのようなものであったかが如実に表れていると言わざるをえない。

韓国政府が電線の保護のために一八九六年八月七日に公布した「電報事項犯罪人処断例」の場合、もっとも重い刑が三カ月以上三年以下の懲役であった事実と比較してみても、日本軍の対応の過酷さと、軍用電信線の安定的運営をいかに重視していたかがわかる。[46] しかし、韓国民の抵抗は止まず、一八九七年七月八日には日本軍の京城守備隊の兵営にまで潜入し、「軍事上重要ニシテ特ニ秘密ヲ要スルモノ」である軍用電信の暗号を奪取するという大胆な行動に発展する様相をみせたのである。[47]

2　「臨時憲兵隊」の創設と韓国派遣

日清戦争後にも続く日本軍用電信線に対する韓国民の攻撃に対処するため、日本は新たに憲兵隊の役割に注目することになる。軍用電信線の保護を目的に、日本から韓国へ憲兵隊の派遣が検討されるのは、大山巌陸軍大臣の要請により閣議に提出された一八九五年九月二四日の「指令案」が最初である。閣議では「朝鮮国釜山、京城間及仁川、義州間電線保護ノ為メ、憲兵将校以下二百五十名派遣」が検討された。[48] これは「小村・ウェーバー協定」によってロシアが日本軍憲兵の韓国駐屯を認めた時より半年も早い時期であった。

さらに韓国へ憲兵を派遣する問題は、日本帝国領域内の憲兵隊拡張の動きと深い関係があったことに注目する必要がある。[49] 当時、日本では日清戦争を通じて憲兵隊の必要性が増加し、それを背景に憲兵隊の増員作業が急ピッチで進められていたのである。[50] 前述したように、特に日清戦争の勝利により新しく植民地として獲得した台湾には、大規模な憲兵派遣が進行中であったが、[51] その基本目的は治安維持、つまり台湾民衆の抵抗に対する弾圧であった。[52] 憲兵隊の韓国派遣問題を検討したことも、当面の目的は軍用電信線の保護としていたが、実際は将来の韓国植民地化を見据えた、継続する韓国民の抗日闘争に対する鎮圧を念頭においた治安維持機構としての役割に対する期待からであったと考えられる。

前述した清国敗残兵問題も憲兵隊派遣に影響を及ぼしたと思われる。当時、日本軍は電信線切断などに清国敗残兵が関わっていると憂慮し注意を払っていた。容疑者が清国兵ではないと確認されると、「速ニ之ヲ捜索逮捕」することから「厳重ノ処分」に対応方針が変わっていることからもわかるように、韓国民ではない彼らに対しては、交戦国の兵士であったため、一般守備隊による適当な「処分」は難しかった。[53] つまり、彼ら清国敗残兵の検挙のためには警察機構である憲兵や韓国の官憲を同行しなければならなかったのである。[54] 例えば、台湾に派遣された憲兵隊の最初の任務は、台湾に残り抵抗を続けていた清国敗残兵の捜索・検挙を行い、清国へ送還させることであったことからも明らかである。[55]

治安維持の任務が憲兵隊に期待されたのは、「憲兵ハ警察上ノ統治機関」という性格をもっていたためである。[56] 前述したように、日本の憲兵は一八八一年創設当時から「憲兵条例」により、基本職務である軍事警察権のほか、行政警察、司法警察という普通警察権が与えられていた。[57] 憲兵は基本的に戦闘部隊ではなく治安維持を目的とした組織である。また陸軍編制上にも非戦闘要員として分類されており、[58] ロシアが日本軍守備隊の代わりに憲兵隊の韓国駐屯に「寛大」であった理由もそこにあると思われる。当時、ロシアの憲兵には、陸軍大臣に隷属し軍事警察を専担する野戦・要塞憲兵と、内務大臣に隷属し地方と鉄道の治安維持を担当する地方・鉄道憲兵という、二種類の憲兵が存在していた。[59] ロシアは電信線保護のための憲兵を、鉄道憲兵のような軍隊色の薄い治安警察的なものであると考えていた可能性が高い。

韓国民の軍用電信線切断問題に対しても、基本的に馬を使う憲兵隊は少数の人員でも長距離の電信線路の巡視が容易であり、[60]一般の守備隊より、基本職務として警察権を保持している憲兵隊の方が、効率的な対応が可能であると期待されたと考えられる。[61]事実、当時の日本は韓国民に対する警察権は有していない状態であったにもかかわらず、ロシアから日本の権益として容認されたソウル―釜山間の軍用電信線保護を名目に、線路付近の地域の村まで憲兵隊の治安維持活動範囲に含めていたのである。[62]同じ時期に台湾に派遣された日本の憲兵隊が「専ら土匪の捜索逮捕」を通じ討伐に成果を上げていたことも、[63]将来、植民地化を計画する韓国への憲兵隊派遣に少なからず影響を及ぼしていたと思われる。

一方、詳しいことは後述するが、いわゆる「憲兵本位論者」[64]として側近である明石元二郎とともに、韓国における憲兵隊拡張に力を入れた寺内正毅が、当時、参謀本部第一局長として大本営運輸通信長官の任にあったことにも留意する必要がある。運輸通信長官の主な任務の一つが、韓国における軍用電信線の管理であり、[65]実際、寺内には福原豊功や古川宣誉ら兵站担当将校より、韓国現地から電信線の状況などに関して報告を受け続けていた。[66]また寺内は軍用電信線強行架設を主導した人物でもあり、[67]電信線保護のために憲兵隊の派遣が検討されたことと少なからず関係をもっていると考えられる。

しかし前掲の「指令案」で検討された憲兵二五〇人規模の派遣は容易ではなかった。台湾や威海衛などへ憲兵隊を派遣する関係で憲兵隊員の数が全体的に不足し、日本国内において憲兵の養成期間を短縮する措置をとるなど、増員を急いでいたが、困難な状況は変わらなかったためである。[68]当時の深刻な憲兵人員不足の状況は、一八九六年一月一三日に威海衛占領軍司令官伊瀬地好成が占領地における軍政施行のため、少数の旅団付き憲兵では対応しきれないことを理由に憲兵増派を要請したのに対し、[69]同二八日に参謀総長彰仁親王が伊瀬地威海衛占領軍司令官に送った次の訓令の内容からでも明らかである。

目下、内地ニ憲兵ノ数甚タ少ナク、剰《あまつさ》へ朝鮮電線ノ守備モ憲兵ヲ以テ交代セシメサルベカラス、且ツ臨時養成之憲兵ハ台湾ノ需要ヲ充タスニ足ラサル有様ニ付、此際、憲兵ノ増遣ノ儀ハ難成計儀ト承知スベシ。(70)

憲兵の増える需要に供給が追いつけない状態であり、このような理由から、一八九六年一月一六日、渡辺国武蔵相が伊藤博文首相あてに送った文書では、派遣に必要な人員を将校四人、下士官一八人、上等兵以下一二八人の合計一五〇人と、大幅に縮小された計画となっている。(71) それに伴い臨時憲兵隊派遣にかかる軍事費の予算も、当初、陸軍が請求した五万五六八九円から三万四四七円に減額され、約四五%も削減されることになった。(72) 結局、一月二五日、送乙第二二三号によって正式に「臨時憲兵隊」が創設された時の人員は、隊長の古賀要三郎憲兵大尉を含め将校四人、下士官以下一三三人に過ぎなかった。(73)

このように憲兵が不足しているにもかかわらず、派遣せざるをえなかった理由について、一月二四日、彰仁親王参謀総長が大山巌陸相あてに送った以下の文書は示唆を与えてくれる。

目下、朝鮮国ニ駐屯セル我カ守備隊ハ、都合八個中隊ニ有之候処、此諸隊ハ一昨年末日、日清事変ノ為メニ召集セラレタル後備役兵ニ係リ、該事変モ全ク平定シテ、野戦軍隊ノ大部ハ既ニ復員セラレタルノ今日ニ方《あた》リ、多クハ一家生計ノ担任者タルヘキ後備役兵ヲシテ、久シク服務セシメ置ク事ハ、情ニ於テ忍ヒサルノ次第ニ有之、且同国ニ於ケル我南部兵站線モ最早其必要ヲ認メサルニ付、此際、該兵站線ヲ撤シ、憲兵ヲ以テ代《ママ》テ、釜山、京城間電信線ノ守備ニ任セシメ、京城、元山、釜山ノ守備隊モ悉皆常備兵ト交代セシメ、予メ朝鮮国大君主陛下ヨリ要求ノ通リ、都合四個中隊ニ相改メ候計画ニ付、外交上支障無之様、予メ其所へ申入レ相成度、此段及照会候也。(74)

これからは、日清戦争後における後備兵役交代の問題が憲兵派遣と絡んでいたことがうかがえる。また二月九日には、寺内正毅運輸通信長官あてに釜山の山村提理が送った電文は、憲兵派遣を督促する以下のような内容であった。

五日、驪州監視所暴徒ノ襲撃ヲ受ケ、古石三次郎、沖田安吉ハ北門前ニ於テ銃殺、船越福松ハ室内ニテ殺害、荒井林吉ハ其付近ノ川ニテ銃殺サレタリト。〔中略〕本日、分院監視所暴徒ノ襲撃ヲ受ケ、小池繁吉ハ銃創ヲ受ケ、昆地岩ニ連レ来タリシ後チ遂ニ死ス。憲兵ノ出発ヲ急カレタシ。(75)

日本軍電信施設に対する義兵の攻撃が激しさを増し、かなりの被害が出ているため、憲兵の出発を急いでくれるよう、求めていたのである。「臨時憲兵隊」に与えられた「臨時憲兵隊服務概則」の内容は次のとおりである。

一、臨時憲兵隊ハ釜山、京城、仁川間ニ架設シアル我電信線ノ守備ニ任ス。
二、臨時憲兵隊ハ臨時電信部提理ニ隷属ス。
三、臨時憲兵隊長ハ電信線守備ニ就テハ臨時電信部提理ニ対シ其責ニ任ス。
四、臨時憲兵隊長ハ守備ノ方法ヲ規定シ、臨時電信部提理ノ認可ヲ受ケ之ヲ施行ス。
五、臨時憲兵隊ノ衛生事務ハ臨時電信部付軍医、又其ノ給養事務ハ同部付軍吏ノ管掌スル所ナリ。
六、臨時憲兵隊ノ人員、馬匹、兵器、弾薬、装具及被服ノ補充ハ該隊長ヨリ直接ニ憲兵司令官ニ請求ス。(76)

つまり、韓国に派遣された「臨時憲兵隊」は臨時電信部提理に隷属し、釜山―ソウル―仁川間の軍用電信線を「守備」することを任務としたのである。ただし「臨時憲兵隊」は臨時電信部提理に隷属されてはいたが、編成関連事項は本国の憲兵司令官の管轄下におかれたこと、また、独自的に「守備の方法を規定」できたことは大きな特徴といえる。

二月一二日に編成を完了した「臨時憲兵隊」は、二月一三日に宇品港を出発し(77)、二月一五日には本部を大邱に開設し、第一区隊を可興に、第二区隊を洛東に、第三区隊を大邱におき、各区隊の管轄内に三カ所の分遣所を設置し、ソウル―釜山間の軍用電信線の「守備」に臨んだ。(78)憲兵隊は、前述したとおり、本来、戦闘を目的とする部隊ではないため、武器も派遣当初には、下士官以上の装備は拳銃のみで、小銃は上等兵以下が装備していた。しかし、憲兵派遣と期を同じくし、閔妃殺害事件や断髪令施行をきっかけに、韓国内でいわゆる「乙巳義兵」が蜂起し、その闘争が激化した。そのため、「朝鮮派遣臨時憲兵隊付下士ハ、拳銃ヲ携帯セシメ置候処、派遣後、同地ノ景況一変シ、近来、到ル処暴徒蜂起ノ為メ、拳銃ノミニテハ電信ノ保護無覚束、由テ下士ニモ村田騎銃及ヒ同弾薬ヲ携帯セシメ度」と、「臨時憲兵隊」の武装強化が求められ、村田騎銃六〇挺と、その弾薬一万五〇発が支給されることとなった(79)。

しかし、一四〇人にも満たないこの人員では、「京釜間一百里ノ長キニ亘《わた》リ警衛ニ任ス。既ニ容易ノ業ニアラス」とされ(80)、憲兵隊員の補充も急がれることになった。そして前記した同年五月の「小村・ウェーバー協定」により、「臨時憲兵隊」の設置と運営に対する「了解」をロシアから得ることとなり、憲兵隊を二〇〇人まで配置できるようになったのである。その協定の主要な内容は以下のとおりである。

日本国代表者ハ、左ノ点ニ付キ全ク日本国代表者ト意見ヲ同フス。即チ朝鮮国ノ現況ニテハ釜山、京城間ノ日本電信線保護ノ為メ、或場処ニ日本国衛兵ヲ置クノ必要アルヘキコト、及現ニ三中隊ノ兵丁ヲ以テ組成スル所ノ該衛兵ハ可成速ニ撤回シテ、之ニ代フルニ憲兵ヲ以テシ、左ノ如ク之ヲ配置スヘキコト。即チ大邱ニ五十人、可興ニ五十人、釜山、京城間ニ在ル十箇所ノ派出所ニ各十人トス。尤右ノ配置ハ変更スルコトヲ得ヘキモ、憲兵隊ノ総数ハ決シテ二百人ヲ超過スヘカラス。而シテ此等憲兵モ、将来、朝鮮政府ニ於テ安寧秩序ヲ回復シタル各地ヨリ漸次撤回スヘキコト(81)。

この協定で、ロシアはソウル—釜山間の日本電信線を保護するために、既存の守備隊を撤収させ、その代わりに憲兵を配置することを認めたが、韓国政府が秩序を回復すると、憲兵兵力は撤退するよう条件をつけていた。もちろん、この件は韓国政府とはいかなる協議も了承も得ていない無断的措置であったし、[82]憲兵が撤退することはなかった。

七月に提出された「臨時憲兵隊」の編成改正案によれば、将校四人、下士官二三人、上等兵二〇〇人の合計二二七人に増員することが計画されている。[83]これはロシアとの「協定」が規定した二〇〇人を超える人数であったが、日本側は将校・下士官を除いた上等兵の数だけ計算に入れたようであり、ロシア側からも異論は出なかった。

しかし、依然として「内地憲兵隊拡張ニ着手中ナルト憲兵隊ニ欠員アリシトヲ以テ、増員ノ着手難致候」という状況であったため、[84]「協定」の二〇〇人を満たすことも簡単ではなかった。結局、次期憲兵採用計画を繰り上げ、また一時的に一般守備隊の人員を借用して電信線守備の空白を埋めるなどの方法をとらざるをえなくなったのである。[85]

人員の増加とともに、九月二日には従来の区隊を支隊に改称し、その配置を京城（ソウル）、松亭、可興、聞慶、洛東、大邱、密陽、釜山の八個支隊に増やし、中間宿舎を奄峴、長湖院、水曲場、台封、長川、清道、勿禁店の七カ所に設置することで、その配置を密にした。[86]その後も若干の編成改正はあったものの、日露戦争の開戦で「協定」の意味が消失するまで「臨時憲兵隊」は二〇〇人体制を維持していく。[87]

3　「臨時憲兵隊」活動の特徴

「臨時憲兵隊」によるソウル―釜山間の軍用電信線の守備活動は、「晴雨寒暖ノ別ナク、相互ノ区隊又ハ分遣所ヨリ巡察兵ヲ左右ニ出シテ、日々電信線ニ異常ナキヤ否ヤヲ細査セシメ」るというように、駐在している区隊間、分遣所間を直接移動しながら巡察するものであったが、「若シ其ノ線路付近ノ村落ニ於テ火賊、草賊等ニ出現スルアルハ、臨機之ヲ鎮定シテ安寧ヲ図」るとしているように、電信線周辺地域に対する「治安維持」活動も並行して行っていた。[88] 当時は、一八九五年の閔妃殺害事件、断髪令公布を発端に全国で義兵が蜂起した「乙巳義兵」の時期であり、「特ニ京釜間守備線ノ沿路ノ如キ暴徒ノ巣窟ト認ムヘキモノアリタリ。我憲兵隊ハ此ノ不穏ノ状況ニ対シ、又、掃蕩《そうとう》ノ努力ヲ忽《ゆるがせ》ニス可ラス」とし、義兵鎮圧も憲兵隊の任務としていたのである。[89] 例えば、「ナイソウ（原文ノママ）方面偵察ノ為メ、憲兵三十名、歩兵二十名ヲ以テ本日午前七時可興ヲ出発セシニ、ナイソウノ入口ニ於テ暴徒出会、之ヲ撃退シ約一里ヲ追撃シタルニ、暴徒ハ死者十四人ヲ捨テ、定鮮方向ヘ潰走ス。暴徒ノ数四百位ナリ」[90]としているように、周辺地域に対する偵察行動はもちろん、鎮圧・追跡まで行っていた。「臨時憲兵隊」は、電信線保護を口実として、義兵鎮圧活動を公然と行っていたのである。

また、そのために、一八九六年二月二五日、寺内正毅運輸電信部長官あてに川村益直臨時電信部提理が送った以下の電文の中では、密偵雇用の必要について述べている。

朝鮮国各地ニ暴徒蜂起セシ以来、各地電線ノ妨害ヲ受クルコト尠少ナラス。〔中略〕故ニ不得止《やむをえず》韓人ヲ使役シテ偵察セシメタルコトニ有之《これあり》候。〔中略〕前述ノ如キ状況ニ在リテハ、大ニ秘密ノ偵察ヲ要シ、而シテ其使役スル韓人ハ素《もと》ヨリ馬夫ノ如キヲ以テ使命ノ全キヲ望ムヘカラス、適当ノ人選ヲ要スル次第ナレハ、随分賃金ノ如キハ自然高価ナラサルヲ得ス〔後略〕(91)。

川村提理は義兵の電信線攻撃に対処するため、偵察に必要な質の高い韓国人密偵を雇用する機密費を請求していた。電信線保護のみを目的とするなら、質の高い密偵は要らないはずである。「臨時憲兵隊」の軍用電信線守備活動の特徴は、このような鎮圧活動とともに、懐柔策を同時に行っていたことである。一八九六年八月二七日には、西園寺公望外務大臣は大山巌陸軍大臣あてに次の内容の電文を送り、電信線保護のために交付する「暴徒馴致《じゅんち》策」の予算について述べている。

在朝鮮原〔敬〕公使ヨリノ申出ニ係ル同国内地ニ於ケル我電線保護之為メ、暴徒馴致策ノ一トシテ金一千円計、川村提理ヘ交付方ノ議ニ付テハ、本月一日付機密送第七六号ヲ以テ及御照会置候次第有之候処、去廿三日同公使ヨリ再応電報ヲ以テ申出ニ拠レハ、昨今ニ至リ同国内地暴徒再燃ノ兆候現ハレ候ニ付テハ、至急右策ヲ施行スル必要有之候トノ報ニ付、事情不得止コト、存シ、当省機密金ノ内ヨリ一千円丈《だけ》支出シ、右支途ニ充ツベキ旨及回訓置候間、右為御心得申進置候也(92)。

【表１】「臨時憲兵隊」人員表

	大尉(隊長)	中尉／少尉	下士	上等兵	合計
1896年１月23日[1)]	1	3	10	120	134
1896年７月２日[2)]	1	3	23	200	227
1897年６月９日[3)]	1	3	57	167	228
1903年12月[4)]	1	3	21	190	215

出典：１）「臨時憲兵隊編成表」(陸軍省『日清戦役雑』M29-9-95)。
２）「臨時憲兵隊編成改正ノ件」の付表より作成（陸軍省『密大日記』M29-2〔防衛省防衛研究所所蔵〕)。
３）「臨時憲兵隊配置表」(「第四章 明治三十年ノ憲兵隊」〔『朝鮮憲兵隊歴史』1/11〕)。
４）「人馬配置表」(「第十章 明治三十六年ノ憲兵隊」〔『朝鮮憲兵隊歴史』1/11〕）より作成。

このような「暴徒馴致策」という懐柔策は、一八九八年以降の台湾における「土匪招降策(93)」、一九〇七年以降の韓国における義兵闘争に対する「帰順奨励策」などにつながるもので、日本の植民地統治政策の定石ともいうべき武力弾圧・懐柔並行策の先例となるようなものであったといえる。その役割を主導的に担った組織が憲兵隊であったことは注目すべき点である。このように、「臨時憲兵隊」は、義兵に対して「掃蕩《そうとう》ノ努力ヲ忽《ゆるがせ》ニス可ラス」としている一方、「蓋《けだし》、我憲兵ノ上下ハ何レモ倖《ひと》シク朝鮮人懐柔ノ方針ヲ念トスルモノ」というように(94)、懐柔策も並行して行っていたのである。

一八九八年五月一九日、加藤増雄駐韓公使が西徳二郎外務大臣あてに送った電文では「内地ノ形勢追々鎮静ニ赴キ、今日ニ於テ全ク我カ電信ニ妨害ヲ與フルモノアルヲ聞カサルハ、畢竟《ひつきよう》、同官〔川村益直大佐〕カ一方ニ於テハ威力ヲ以テ鎮圧ヲ行ヒタルト同時ニ、一方ニ於テハ之ヲ懐柔スルノ方法ヲ施シタル事、全ク此形勢ノ到来ヲ誘致シタル儀ト信用致居候」と、鎮圧・懐柔並行策を高く評価していたのである(95)。

一方、「臨時憲兵隊」は、憲兵本来の基本職務である軍事警察を行っていなかった。一八九九年七月二四日、山内長人憲兵司令官が中村雄二郎陸軍次官に送った電文では、「軍務局長及韓国駐箚《ちゅうさつ》隊長へ通牒案」として、「臨時憲兵隊ハ電線ノ守備ヲ専務トシ、憲兵固有ノ職務タル警察勤務ハ、従来、之ヲ執ラシメラレス候処、自今、憲兵司令官ニ対シ、京城及釜山ニ駐箚セル我軍隊ノ軍紀上検察ノ報告ヲ為サシメ、尚ホ必要ト認ムルモノハ、該憲兵隊ヨリ直ニ駐箚隊長ニ報告セシムル事」としている。(96) 韓国民に対しては、前述したとおり、「電線ノ守備」を名目に「治安維持」活動を行ってきたにもかかわらず、「臨時憲兵隊」は、憲兵組織でありながら「軍隊ノ軍紀上検察」という軍事警察職務を行ってこなかった矛盾した機関であったのである。

小括

一八九四年、日清戦争開戦を前後する時期から、日本軍は韓国において軍用電信線を韓国政府の承認を得ないまま無断に架設・運営した。韓国民はこれに対する抵抗手段として日本軍の軍用電信線を切断する闘争を展開するようになり、彼らから電信線の安全を守ることが日本軍の大きな課題となった。清国敗残兵が電信線切断に関与していた問題と、日清戦争後も止まない韓国民の電信線に対する攻撃は、日本軍により「効率的」な対応方法を模索させた。

結局、軍隊組織でありながら警察機構の性格を併せもつ憲兵隊の「威力警察機関」、「治安維持機構」としての役割が期待され、一八九六年一月、「臨時憲兵隊」が創設され韓国へ派遣された。また、これは日本帝国領域内の憲兵隊拡張の動きと連動するものであった。

「臨時憲兵隊」活動の特徴は、電信線保護を口実とし、線路周辺地域に対する「治安維持」活動を公然と行っていたこと、そして、そのために武力弾圧とともに懐柔策を並行して実施した点である。この方法は以後の植民地憲兵にも継承されていく。憲兵隊が治安維持を担当する警察機関であるという論理は、以後、韓国において義兵闘争が激化する時期、駐韓憲兵隊が韓国の一般警務に本格介入する口実としても使われるようになる。

註

（1）日本の憲兵についての通史として代表的なものとして、田崎治久編『日本之憲兵』正・続（軍事警察雑誌社、正：一九一三年、続：一九二九年〔三一書房、一九七一年、復刻版〕）、憲兵司令部編『日本憲兵昭和史』（一九三九年）、大谷敬二郎『昭和憲兵史』（みすず書房、一九六六年）、全国憲友会連合会編纂委員会編『日本憲兵正史』（研文書院、一九七六年）、全国憲友会連合会編纂委員会編『日本憲兵外史』（研文書院、一九八三年）等がある。

（2）第二次世界大戦終戦以降、アメリカ軍事体系の影響を強く受けている日本や韓国などでは、憲兵といえば、主に軍事警察職務のみを担当するイギリス・アメリカ式のＭＰ（Military Police）のイメージが先行しがちであるが、当時、ヨーロッパにおける憲兵制の主流はフランスの Gendarmerie（「国家憲兵」とも訳す）であったといえる。フランスの憲兵制は歴史も古く、軍事警察と併せて行政・司法警察をも憲兵の任務とするこの憲兵制度を採用するか、もしくはその影響を強く受けている国が多かった。現在においてもフランスの憲兵は、軍事警察と普通警察の両方の任務を担当しており、普通警察事務は一般の文民警察機関と並立した形で行っている。憲兵が普通警察任務を担うこと自体は、必ずしも批判の対象になるわけではなかったのである（前掲『日本之憲兵』正・続、土屋正三「フランスの憲兵警察（一）・（二）」（『警察研究』五四—九・一〇、一九八三年九月・一〇月）参照）。

（3）駐韓憲兵隊機構の拡張過程については、松田利彦「朝鮮植民地化の過程における警察機構（一九〇四～一九一〇年）」（『朝鮮史研究会論文集』三一、一九九三年一〇月）参照。

（4）前掲『日本之憲兵』正・続、二頁。

（5）憲兵司令部が編纂した前掲『日本憲兵昭和史』（五頁）の中でも「当時の陸軍卿大山巌将軍は憲兵設置の必要を痛感しありしを以て断乎として一切の俗論を郤《ママ》け、爰《ここ》に憲兵設置の議を確立せり。爰に於て陸軍省に於ては明治十二年欧洲先進国の憲兵制度を調査研究し、概ね佛国憲兵制度を採択して明示十四年一月愈々我が日本憲兵は創設せらるるに至れり」と記されている。

（6）一九〇四年の日露戦争時、軍司令官であった大山が、第二軍憲兵長であった岩井忠直に話したとされる憲兵制度創設の事情（前掲『日本之憲兵』正・続、三四三頁）。

（7）萬田勘太郎憲兵曹長談（同上、三四七頁）。

（8）前掲『日本之憲兵』正・続、二頁。

（9）前掲『日本憲兵正史』、一二四頁。

（10）一八九一年三月一一日、太政官達第一一号（前掲『日本之憲兵』正・続、二九六～二九九頁より再引用）。

（11）勅令第四三号（『御署名原本』明治二十二年・勅令（国立公文書館所蔵））。

（12）勅令第三三七号（前掲『御署名原本』明治三十一年・勅令）。

(13) 一九二九年四月一二日、勅令第六五号（前掲『御署名原本』・昭和四年・勅令）。
(14) 『伊藤博文関係文書』二九九（国会図書館憲政資料室所蔵）。
(15) 「高知県へ派遣の憲兵の件」（陸軍省『壱大日記』M二五―三（防衛省防衛研究所所蔵））、「佐賀県へ憲兵派遣の件」（前掲『壱大日記』M二五―三）、「栃木県下憲兵派遣の件」（前掲『壱大日記』M二七―二）、「鹿児島県下へ憲兵派遣ノ件」（前掲『壱大日記』M二七―二）、「長野県下へ憲兵派遣ノ件」（前掲『壱大日記』M二七―二）、「愛媛県下へ憲兵派遣ノ件」（前掲『壱大日記』M二七―三）。
(16) 憲兵は一九〇五年九月五日には日比谷焼き打ち事件の暴動鎮圧のためにも出動している（前掲『日本憲兵正史』、一四四～一四七頁）。
(17) 植民地憲兵という概念は、すでにフランス、イタリアにも存在するものであったが、日本のように「憲兵」と一括りにされているわけではなく、明確に「植民地憲兵隊」として独立していた。
(18) 台湾憲兵隊編『台湾憲兵隊史』一九三二年、二五～二六頁。
(19) 「臨着書類　庶」（陸軍省『日清戦役』M二九―二―一〇一（防衛省防衛研究所所蔵））。
(20) 一八九六年五月一九日作成「台湾憲兵隊条例ヲ定ム」（『公文類聚』第二十編・明治二十九年・第七巻・官職三・官制三（陸軍省二・海軍省・司法省・文部省）〈国立公文書館所蔵〉）。
(21) 勅令第二三二号「台湾憲兵隊条例」（『御署名原本』明治二十九年・勅令（国立公文書館所蔵））。
(22) 前掲『日本憲兵正史』、一三四七頁。
(23) 前掲『台湾憲兵隊史』、二七頁。
(24) 勅令第三三二号「憲兵条例」（前掲『御署名原本』明治三十年・勅令）。
(25) 前掲『台湾憲兵隊史』、二七頁。
(26) 同上、二八頁。
(27) 「臨時憲兵隊」派遣以前にも、韓国には少数の日本軍憲兵は存在していた。一八九五年一〇月九日にも「京城ニ於ケル警察上必要」を理由に、憲兵大尉影山十蔵以下二〇人がソウルに急派された（陸軍省『日清戦役』M二八―一〇―八六〈防衛省防衛研究所所蔵〉）。

（28） 韓国における日本の電信線強行架設に関する代表的な先行研究としては、姜孝叔「第二次東学農民戦争と日清戦争」（『歴史学研究』七六二、二〇〇二年五月）と斎藤聖二『日清戦争の軍事戦略』（芙蓉書房、二〇〇三年）が挙げられる。姜孝叔氏は日本軍の東学農民戦争鎮圧過程に対する綿密な考証を通じ、日本軍の軍用電信線架設を中心とした韓国の兵站化過程を分析し、斎藤聖二氏は日清戦争期の韓国における日本の電信線強行架設過程を分析し、それが外務省・陸軍省・逓信省の三省による共同作業のものであったことを明らかにした。一方、日清戦争以前の韓国における電信線架設権をめぐる日・清・韓三国の外交交渉を中心に分析した電信線問題の前史的な位置を占める研究として山村義照「朝鮮電信線架設問題と日朝清関係」（『日本歴史』一九九七年四月号）がある。

（29） 五月下旬から六月二九日まで一ヵ月間、電信が不通する事態が続いた（『東京朝日新聞』七月二〇日付、大江志乃夫『東アジア史としての日清戦争』立風書房、一九九八年、三二八〜三二九頁）。

（30） 「京城ニ我兵進入閣議決定ノ旨通達ノ件」（市川正明編『日韓外交史料』九、原書房、一九八一年、一〜二頁）。

（31） 「第一章　臨時憲兵隊概説」（『朝鮮憲兵隊歴史』一／一一〈防衛省防衛研究所所蔵〉なお、この史料は、朝鮮憲兵隊司令部編『朝鮮憲兵隊歴史』全六巻として不二出版から二〇〇〇年に復刻されている）。

（32） 国史編纂委員会編『駐韓日本公使館記録』二、一九八八年、六五号、一〇三頁。

（33） 京仁線は京釜線着工の前に工事完了。参謀本部編『明治廿七八年日清戦史』八、一九〇七年、五四〜五七頁。

（34） 外務省編『日本外交文書』二七―一、六五四頁。八月二八日には大山巌陸軍大臣により「朝鮮国釜山京城間軍用電信取扱規則」が定められ、本格的に軍用電信線の運用に乗り出した（『公文類聚』第十八編・明治二十七年・第三十一巻・軍事門三・陸軍三〈国立公文書館所蔵〉）。

（35） 機密第五八号、「京釜間軍用電線切断者取締ノ件」（『日清韓交渉事件ノ際ニ於ケル軍用電線架設関係雑件』

〔「外務省記録」五門一類九項一号〈外務省外交史料館所蔵〉〕。

(36)『第一軍　日清戦役　陣中日誌』M二七―一五、第五師団中路兵站監本部作成、九月一六日条（防衛省防衛研究所所蔵）。

(37)南部兵站監の報告により、一八九四年一〇月一〇日には井上馨駐韓公使は韓国政府に清国敗残兵の捜索を要求する（국사편찬위원회『고종시대사』三집、一九六九年、六四二頁）。

(38)前掲『第一軍　日清戦役　陣中日誌』M二七―一五、九月一八日条。ここでいう「厳重ノ処分」とは「東学党ニ対スル処置ハ厳烈ナルヲ要ス。悉ク殺戮スヘシ」という指示を指す（『兵站部　日清戦役　陣中日誌』M二七―三〇、南部兵站監部作成〈防衛省防衛研究所所蔵〉、朴宗根『日清戦争と朝鮮』青木書店、一九九二年、一九三〜一九四頁）。

(39)乙未二月二五日　内務来関　第八号（통리아문 편『内各司（関草）』四〈奎一七八三五〉）。

(40)同上。

(41)「軍用電信線架設ノ件」（前掲『日清韓交渉事件ノ際ニ於ケル軍用電線架設関係雑件』）。

(42)『兵站部　日清戦役　陣中日誌』M二七―三三、中路兵站監督部作成、九月一日条。

(43)前掲『兵站部　日清戦役　陣中日誌』M二七―三〇、一一月七日条。

(44)前掲『第一軍　日清戦役　陣中日誌』M二七―一五、九月二日条。

(45)「平安道観察使　書啓」（『旧韓国官報』개국五〇三年一〇月二七日）。

(46)전기통신공사 편『韓国電気通信一〇〇年史』上、체신부、一九八五年、二〇五頁。

(47)「先キニ電信ヲ以テ概報仕候通リ、当守備隊ヘ御渡附ノ電信暗号元第一四七号、昨七日夜窃取セラレ候。最モ該暗号ハ軍事上重要ニシテ特ニ秘密ヲ要スルモノニ付、常ニ注意シ軍用行李ニ格納致シ置キタル處、該行李鍵前破損ヲ生シタルニ依リ、更ニ革製子嚢ニ入レ、行李中ニ納メ寝室（舎ノ都合ニ依リ荷物ハ副官ノ傍ニ在リ）副官臥床ノ傍ニ置キタル處、不圖モ同日午後十一時ヨリ翌日二時過迄ノ間ニ窃盗忍ヒ入リ革制子嚢（電信暗号並ニ金五拾餘円在中ノ侭）及ヒ傍ニ掛ケ置キタル副官ノ雨覆ヲ盗ミ去リタリ」（「電信暗号紛失ニ付報告」〔陸軍省『壱大日記　編冊補遺参』明治三十年〈防衛省防衛研究所所蔵〉〕）。

(48)「陸軍大臣請議朝鮮国釜山京城間及仁川義州間電線保護ノ為メ憲兵将校以下二百五十名派遣ノ件」（前掲『公文類聚』第十九編・明治二十八年・第二十三巻・軍事一・陸軍一）。

(49) 飯嶋満「戦争・植民地支配の軍事装置——憲兵の活動を中心に」（山田朗編『戦争II　近代戦争の兵器と思想動員』青木書店、二〇〇六年）ではこの時期を「量的拡大・治安維持主任期」として定義している。

(50)「日清両国間交戦中憲兵下士上等兵補充細則陸軍各兵科上等兵補充条例及陸軍諸兵卒進級取扱ニ定ムル年限短縮方」（前掲『公文類聚』第十九編・明治二十八年・第十巻・官職五・官制五・旅費・任免〔外務省〜逓信省〕服務懲戒・雑載）一八九五年三月三〇日（陸達第二一号）、「遼東半島ヘ派遣準備ノ為メ憲兵将校以下養成ノ件ヲ定ム」（前掲『公文類聚』第十九編・明治二十八年・第二十四巻・軍事二・陸軍二・海軍）一八九五年九月二二日（陸達第八五号）。

(51) 一八九五年六月二二日、陸達第五二号「台湾其他必要ノ地ニ派遣準備ノ為メ憲兵将校以下養成ノ件ヲ定ム」（前掲『公文類聚』第十九編・明治二十八年・第二十四巻・軍事二・陸軍二・海軍）によると、憲兵将校以下一八〇〇人の養成が計画され、実行に移された。

(52)「台湾島ニ於テ匪徒蜂起ノ為メ憲兵派遣ニ要スル経費支出方」（前掲『公文類聚』第十九編・明治二十八年・第二十巻・財政八・会計八・臨時補給四〔軍事金支出二〕）一八九五年八月一四日。

(53) 前掲『第一軍　日清戦役　陣中日誌』M二七—一五、九月一六日、一八日条。

(54)「臨時憲兵隊」が派遣される以前の韓国においても、ごく少数ではあるが日本の憲兵が存在し、一八九四年九月一日条の「憲兵派遣」（前掲『兵站部　日清戦役　陣中日誌』M二七—三三）の記事にも、大邱、洛東、河潭、松坡鎮の各兵站地に憲兵が派遣され、数名ずつ配置されたという記述がある。

(55) 前掲『台湾憲兵隊史』、四六〜四八頁。

(56)　前掲『日本之憲兵』正・続、二〇頁。
(57)　一八八一年三月一一日、太政官達第一一号。
(58)　『明治三十七八年戦役統計』（陸軍省編・大江志乃夫解説『日露戦争統計集』一、東洋書林、一九九四年、復刻版）の「第一編　動員及編制」付表にも憲兵隊は「戦員」ではなく「非戦員」として分類されている。
(59)　前掲『続日本之憲兵』、三四九頁。
(60)　編成初期「臨時憲兵隊」に配備された馬は五二頭であり、その武装として村田騎兵銃六〇丁が支給された（「第三章　明治二十九年ノ憲兵隊」〔前掲『朝鮮憲兵隊歴史』一／一一〕）。
(61)　「兵站線路ノ守備隊ノ如キハ戦闘地ニ対スル需用供給ノ道及戦闘地ト後方トノ連絡ヲ断タザルコト並ニ、小敵軍ノ侵入ヲ防ギ若クハ地方人民ノ暴挙等ヲ鎮圧スルノ目的ヲ有スルノミニテ毫モ警察的手腕ヲ揮フコトヲ目的トシタルモノニアラズ」（前掲『日本之憲兵』正・続、四頁）。
(62)　「第三章　明治二十九年ノ憲兵隊」（前掲『朝鮮憲兵隊歴史』一／一一）、前掲『日本憲兵正史』、一四二頁。
(63)　前掲『台湾憲兵隊歴史』、二七頁。
(64)　松井茂「目覚め行く朝鮮民衆へ」（朝鮮新聞社編『朝鮮統治の回顧と批判』、一九三六年〔龍渓書舎、復刻版、一九九五年〕、一一一頁）。
(65)　運輸通信長官など日清戦争期の兵站組織に関しては、桑田悦「日清戦争における輸送・補給」（桑田悦編『近代日本戦争史　第一編　日清・日露戦争』同台経済懇談会、一九八五年）参照。
(66)　一八九五年二月の福原豊功発寺内あて書翰（『寺内正毅関係文書』五四―一六〔国会図書館憲政資料室所蔵〕）、一八九四年一二月一六日の古川宣誉発寺内あて書簡（同上、五六―一）。
(67)　前掲『日清戦争の軍事戦略』、八六頁。
(68)　前掲『日本憲兵正史』、三九頁、一三七頁。
(69)　明治二十九年自一月一七日至二十九年三月「臨着書類　庶」（大本営『日清戦役書類綴』M二九―二―一〇一

（防衛省防衛研究所所蔵）。
(70) 明治二十八年自九月七日至一月二八日「臨発書類」（同上、M二八—一六—一四二）。
(71) 「朝鮮国内我軍用電線保護ノ為メ臨時憲兵隊派遣ニ要スル諸費支出方」（前掲『公文類聚』第二十編・明治二十九年・第十八巻・財政五・会計五〈臨時補給二—臨時軍事費支出〉）。
(72) 「朝鮮国へ臨時憲兵隊派遣ニ要スル費途支出方之件」（陸軍省『日清戦役雑』M二九—九—九五〈防衛省防衛研究所所蔵〉）。
(73) 派遣軍事費の予算は三万三四四七円と若干増えることになった（「大蔵大臣請議」〈前掲『公文類聚』第二十編・明治二十九年・第十八巻・財政五・会計五〉）。
(74) 一八九六年一月二四日、臨発第二九八二号、明治二十八年自九月七日至一月二八日「臨発書類」（大本営『日清戦役書類綴』M二八—一六—一四二〈防衛省防衛研究所所蔵〉）。
(75) 明治二十九年二月「日清事件綴込　雑」（前掲、陸軍省『日清戦役雑』M二九—三—八九）。
(76) 「臨時電信部編成及其他制定ノ件」（前掲、陸軍省『日清戦役雑』M二九—九—九五）。
(77) 明治二十九年「二七・八年戦役諸報告」（前掲、陸軍省『日清戦役雑』M二九—一—八七）。
(78) 「第二章　臨時憲兵隊ノ創設」（前掲『朝鮮憲兵隊歴史』一／一二）。
(79) 「臨時憲兵隊へ村田騎銃並ニ弾薬支給ノ件」（前掲、明治二十九年二月「日清事件綴込　雑」）。
(80) 同上「第二章　臨時憲兵隊ノ創設」。
(81) 前掲『日本外交文書』二九、七九一〜七九二頁。
(82) 韓国政府にこの秘密協約の内容が知らされるのは一八九七年三月であるといわれる（『日案』四〇、建陽二年三月二日条）。
(83) 「臨時憲兵隊編成改正ノ件」（前掲『密大日記』M二九—二）。
(84) 同上「朝鮮国派遣憲兵増員ノ件」。

(85) 同上。
(86) 『朝鮮駐箚軍歴史』(金正明編『日韓外交資料集成　別冊一』、巌南堂書店、復刻版、一九六七年)、四九頁。
(87) 「第三章　明治二十九年ノ憲兵隊」(前掲『朝鮮憲兵隊歴史』一／一二)。
「臨時憲兵隊」は、一八九九年一月の編成改正により支部組織を再び区隊組織に戻し、一九〇〇年一二月には区隊の管轄区域の配置変更を行っている(「第六章　明治三十二年ノ憲兵隊」、「第七章　明治三十三年ノ憲兵隊」〔前掲『朝鮮憲兵隊歴史』一／一二〕)。
(88) 「第三章　明治二十九年ノ憲兵隊」(前掲『朝鮮憲兵隊歴史』一／一二』)。
(89) 前掲「第二章　臨時憲兵隊ノ創設」。
(90) 前掲、明治二十九年「二七・八年戦役諸報告」。
(91) 「機密費請渡相成度申請」(前掲『日清戦役書類綴』M二九―二―一〇一)。
(92) 「電信線暴徒馴致ニ関スル件」(前掲『密大日記』M二九―二)。
(93) 前掲『台湾憲兵隊歴史』、四四〜四六頁。
(94) 前掲「第二章　臨時憲兵隊ノ創設」。
(95) 「前電信提理川村大佐ニ関スル件」(前掲『壱大日記』M三一―七)。
(96) 「臨時憲兵隊ヲシテ軍紀上検察ノ報告ヲナサシメ度件」(陸軍省『弐大日記』M三二―一四―三二〔防衛省防衛研究所所蔵〕)。

第2章

義兵闘争の高揚と
駐韓日本軍憲兵隊の拡張

一九〇四年二月一〇日に開戦した日露戦争により、韓国は局外中立を宣言するも、再び戦争に巻き込まれる。韓国全土は日本によって戦域とみなされ、ロシアを退けた韓国北部地域は占領地として扱い、韓国政府の了解も得ないまま日本軍による軍政をしく。日本のやり方に反発した韓国民の抵抗は激化し、日本軍はそれに厳しい軍律・軍政、そして「軍事警察」を施行することで対応する。その後、日本の勝利によって戦争は終結し、韓国は日本の保護国とされ、統監の統治を受けることとなる。日本の統監政治、朝鮮植民地化が進む中、「ハーグ密使事件」による一九〇七年七月一九日の高宗強制退位と、八月一日の韓国軍隊解散を契機として起こった「丁未義兵」は、解散軍人の参加でその戦闘力と組織力を強化し全国的な広がりを見せ、日本は新たな対応策が必要となる。在韓日本軍は、当時、二師団編成から一師団に減らされており、義兵闘争鎮圧のために軍隊増派を含むあらゆる手段が模索された。本章では、このような状況の中、日露戦争直前の編成改正によって、臨時から常設機関へと変わった駐韓日本軍憲兵隊が、日露戦争を通じてその権限を拡大していく様相と、終戦後における義兵闘争の高揚期に憲兵隊が警察機関として機構を拡充していく過程について検討し、その憲兵隊拡張の要因と論理を明らかにしよう(1)。

第1節　日露戦争期における駐韓憲兵隊

1　治安維持機構への移行——韓国駐箚憲兵隊

軍用電信線の守備を任務として韓国に派遣された「臨時憲兵隊」は、日露戦争が目前に迫った一九〇三年一二月一日、編成改正を通じて韓国駐箚憲兵隊と改称し、その隷属先も電信部提理から韓国駐箚軍司令官に変わることとなった。この段階における人員は、従来どおりの二〇〇人体制で、隊長の境野竹之進憲兵大尉を含む将校四人、下士官二一人、上等兵一九〇人の、合計二一五人であった(2)。これに伴い配置を改正し、ソウルの本部をはじめ、第一区隊として京城分駐所、奄峴派出所、松亭分駐所、長湖院派出所、可興分駐所を、第二区隊としては水安保派出所、聞慶分駐所、胎封派出所、洛東分駐所を、第三区隊としては長川派出所、大邱分駐所、清道派出所、密陽分駐所、華山派出所、釜山分駐所をおき、三区隊八分駐所七派出所体制となった。第一区隊は松亭分駐所を、第二区隊は聞慶分駐所を、第三区隊は大邱分駐所を首部とし、各区隊長には憲兵中尉を配置した(3)。従来の配置に比べ、派出所が七カ所増設された形になっている。

韓国駐箚憲兵隊は、隷属先の変更とともに、同八日の服務細則の制定により、その任務も「京城ニアリテハ主トシテ軍事警察ヲ掌リ、各区隊ハ京城—釜山間ノ電信線及鉄道ノ保護ニ任セリ」というように、地域限定ではあるが「軍事警察」にまで拡大されることになった。[4]ここでいう「軍事警察」とは「普通警察ニ対スル称呼ニアラスシテ、治安警察ヲ軍ニ於テ施行セシコト」を意味し、[5]高等警察に当たるもので、開戦を目前にした首都ソウルにおける反日運動・親露派の「不穏ナル傾向」に対する監視・取締りを行うために施行するというものであった。[6]

この改正により駐韓憲兵隊は「臨時」から「常時」の駐屯機関へと移行し、軍用電信線保護の任務のみならず、局地的ではあるが、高等警察を執行する治安維持機構としての任務も担当しはじめることとなったのである。これと関連し特記すべき点の一つは、「憲兵職務執行上韓語通訳ノ缺クベカラザルヲ認メ」、「雇員（雑給ヨリ支弁）十六名傭入、憲兵隊ニ配属」したことである。[7]これは駐韓憲兵隊編制上初めて韓国語通訳を正式に配置したもので、これから憲兵隊が韓国においていよいよ治安維持活動の前面に乗り出すということを意味する措置であったともいえる。[8]

韓国駐箚憲兵隊は、一九〇四年三月一一日付けで編制された韓国駐箚軍司令部の隷下部隊として編入され、憲兵隊隊長は大尉から佐官へと格上げされることとなり、下士官以下六五人が増派され、隊長の高山逸明憲兵少佐を含む将校九人、下士官以下三〇二人の合計三一一人体制に拡張された。[9]これは、日露戦争開戦により、「小村・ウェーバー協定」で決められていた憲兵二〇〇人体制を維持する必要がなくなったためと思われる。その間、増員とともに胡温浦派出所、馬山分駐所、金海派出所、深里派出所が新設され、またソウルに第四区隊、第五区隊が増設され、第四区隊に京城東署分駐所、仁川派出所、鎮南浦派出所、磚洞派出所、第五区隊に京城南署分駐所、振威派出所、明洞分駐所、鐘路派出所、美洞派出所を新設し、ソウル周辺の警

【表2】韓国駐箚憲兵隊編成表

		少佐	大尉	中尉/少尉	下士	上等兵	合計
1903年	人員		1	3	21	190	215
12月1日	乗馬		1	3		43	47
1904年	人員	1	2	6	46	256	311
3月10日	乗馬	2	2	4		69	77

出典：「韓国駐箚憲兵隊人馬配置表」（「明治卅六年十二月十日　韓国駐箚隊司令部旬報」〔陸軍省『密大日記』M40-2-9〕）、「韓国駐箚軍及隷属部隊編成要領」付表第四（陸軍省『日露戦役』M37-8-129）より作成。

備体制を強化した[10]。

実際、四月一四日にはソウルの皇城内で起きた火事の鎮火や警護、四月三〇日には「火賊鎮撫ノ為」に京畿道の素沙へ憲兵を派遣するなど、ソウル周辺の「治安維持」任務を遂行していた[11]。また、軍用電信線の保護という任務も、「原口軍司令官ノ命令ニ基キ、左ノ各地ニ隊員ヲ配置シ以テ、京城、釜山間ノ軍用電線守備ノ任ニ当レリ」というように、引き続き行っていたのである[12]。

その一方で、駐箚憲兵隊は、以上のような「治安維持」の任務以外にも、野戦憲兵として緊急に野戦軍に動員される場合もあった。一九〇四年四月七日、宇佐川一正陸軍省軍務局長が井口省吾参謀本部総務部長に送った回答文「野戦憲兵準備ノ件」の中では、「我軍盛京省〔遼寧省〕全部占領に向け、憲兵を二回派遣する必要があることを求めたことに対し、「野戦憲兵ノ件ニ付御申越ノ趣了承、就テハ、第一回所要ノ憲兵士官二名、下士八名、及上等兵四十名ハ、韓国駐剳憲兵隊ノ内ヨリ使用相成、若シ電信線ノ保護上憲兵ノ不足ヲ感スル場合ニハ、同地ニ在ル後備隊ヲ以テ、其不足ヲ補ハル、様致度。又、第二回以後ノ所要数ニ対シテハ、目下、既ニ夫々計画致居候ニ付、此段併セテ及回答候」と、必要な憲兵は駐箚憲兵隊から動員し、その警備上の抜け穴は後備隊によって埋めるように回答している。[13]

2　韓国における軍律・軍政・「軍事警察」の施行と駐韓憲兵隊

駐韓憲兵隊の任務が軍用電信線の保護から治安維持に拡大される本格的な契機として、日露戦争中に施行された軍律と軍政がもつ意味は大きい。一九〇四年二月、日露戦争が勃発すると林権助駐韓公使は、一三日に韓国の李址鎔外部大臣臨時署理に公文を送り、「我軍北進行動開始ノ場合ニハ、該沿路ニ於ケル貴国電線ノ使用ヲ必要ト致候ニ付テハ、該線使用ノ義、予メ御承諾ヲ得度」と要請してきた。[14] 結局「数次ノ交渉ヲ経テ、韓国国有ノ電線ヲ我カ軍ニ使用スルコトトセリ」というように、[15] 前章で述べた日清戦争時の場合とは異なり、日本は既存の韓国電信線施設を強制的に接収し軍用として使う方式を、自前の軍用電信線を新設していくという従来の方式と並行して進めたのである。これは既に日本がソウル―釜山間の軍用電信線を確保していたこと、そしてこの時期になると韓国の電信網が全国的に拡充されるようになったため、新たに電信線を架設するより、韓国政府の電信施設を軍事的に転用した方が容易であったためである。

日本軍の鴨緑江渡河作戦の成功により、戦場が満州に移った後の一九〇四年六月下旬に作成された日本軍の「電信連絡一覧図」（**図1**）をみても、当時、韓国北部における軍用電信線架設作業は、強制接収した韓国電信線を日本軍用に転用する作業と並行して進められていたことがわかる。その一方で、日本軍は進軍経路以外の地域においても、ソウル―釜山間の電信線のみでは安定的な軍事通信の確保が難しく、「韓国ト内

電信連絡一覧図

（明治二十七年六月下旬ニ於ケル）

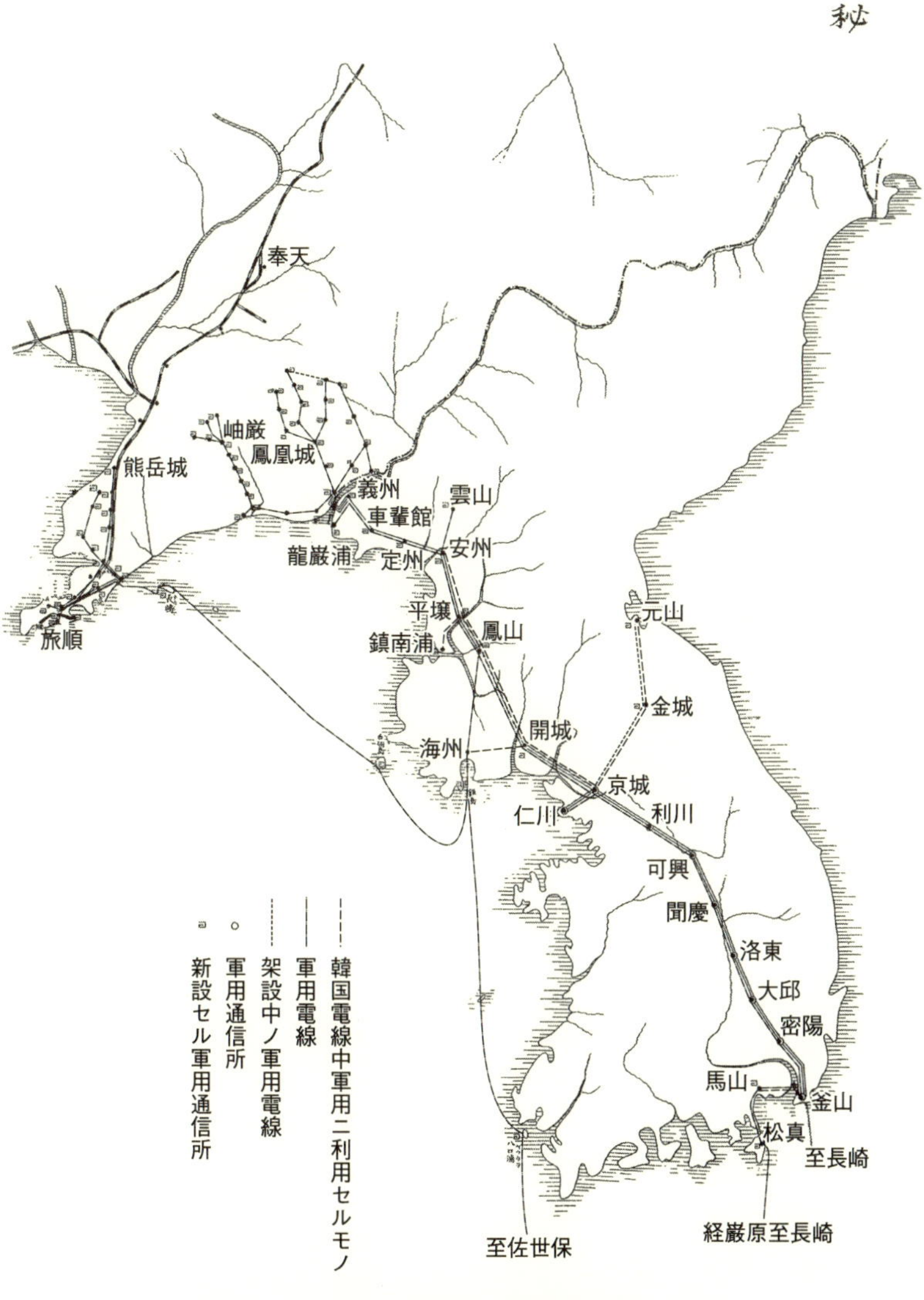

【図１】1904年６月下旬の日本軍電信連絡一覧図

出典：陸軍省『陸満密大日記』Ｍ37-52

〔防衛省防衛研究所所蔵〕。

地トノ通信効程ヲ増加スルノ必要アリ」という名目で、一九〇四年一一月、天安―木浦、木浦―馬山間に軍用電信線を架設するなど、韓国内に軍用電信線を無断で架設し続けていった[16]。

　このように韓国の通信施設を占有し、無断で電信線を架設する日本軍の通信施設に対する韓国民の攻撃が激化し、一九〇四年三月末、朝鮮半島の北部地域において軍用電信線架設工事が強行される途中にも「各方面共天候及土民ノ妨碍ニ因リ電信線ノ故障頻繁」な事態が続いた[17]。このような抵抗により、韓国各地の軍用電信線はもちろん、軍用鉄道にまで攻撃が拡大し、大きな被害が及ぶようになると[18]、これを理由に原口兼済駐箚軍司令官は、七月二日、ソウル―元山、ソウル―釜山、ソウル―仁川、ソウル―平壌間の電信線路と軍用鉄道線路の周辺を対象区域とする軍律を発布した。この軍律の内容は次のような過酷なものであった。

一、軍用電線（軍用鉄道）ニ害ヲ加ヘタルモノハ死刑ニ処ス。
二、情ヲ知リテ隠匿スル者ハ死刑ニ処ス。
三、加害者ヲ拿捕《だほ》シタル者ニハ金弐拾円ヲ賞与ス。
四、加害者ヲ密告シテ拿捕セシメタル者ニハ金拾円ヲ賞与ス。
五、村内ニ架設セル軍用電線（軍用鉄道）ノ保護ハ其ノ全村民ノ責任トス。各村ニ於テ村長ヲ首坐トシ委員ヲ設ケ、若干名宛毎日交代シ軍用電線（軍用鉄道）ノ保護ニ任スヘシ。
六、村内ニ於テ軍用電線（軍用鉄道）切断セラレ、而シテ加害者拿捕セラレサル場合ニハ、当日ノ保護委員ヲ笞罰ニ処ス。

七、一村内ニ於テ二回加害者アルトキハ、韓国政府ニ通報シ、厳罰ヲ課ス。
八、船舶ノ操縦ヲ愆《あやま》リ、其ノ他過チテ電線ヲ切断シタル者ハ拘留ニ処シ、笞罰ヲ付加シ、尚、情状ニヨリ其ノ船舶ヲ没収ス。又、地方ノ情況ニヨリテハ、韓国官吏ニ要求シ、厳罰ヲ課セシムルコトアルヘシ。此場合ニアリテハ、兵站司令官厳ニ之ヲ監視スルモノトス。拘留間ハ寝具及食物ハ本人ノ自弁トス。(19)

日本軍は、軍用電信線・鉄道を切断した本人のみならず、「加害者」をかくまった人や、被害が出た村全体にもその責任を負わせる連座制を適用したのであり、故意か否かにかかわらず、軍用電信線に対する加害には厳しく対応したのである。この軍律は、韓国政府の了解を得ないまま、一方的な通告によって行われた。

しかし、このような措置にもかかわらず、韓国民の軍用電信線に対する攻撃は止まず、さらに「京城以北ノ地ニ於テハ、武器弾薬ヲ竊取《せっしゅ》セラレシ等ノ事アリ」と、被害は拡大する一方であった。またそのことを口実に、同年七月九日、原口駐箚軍司令官は、「韓駐参第二五九号軍用電線及軍用鉄道保護ニ関スル軍律ハ、之ヲ韓国一円ニ及ホシ、尚、鉄道電線以外ノ軍用営造物ヲ焼棄破壊シ、若ハ武器弾薬、其ノ他軍需品ヲ竊取毀損スルモノノ処分ハ、総テ軍律ヲ準用ス」という命令を発した。(20)この措置により、軍律の施行区域は、駐箚軍が守備管轄区域としていた平壌—徳源間のライン（大同江）以南の韓国全土にまで拡張され、またその適用範囲も軍用営造物や軍需品にまで拡大されることになった。日本軍は、戦争遂行を口実に、韓国内において過酷な軍律を一方的な通告によって施行し、韓国民の抵抗を封じ込めようとしたのである。そして日本軍の北進に伴い、駐箚軍の守備管轄区域も鴨緑江にまで達し、同年一一月には韓国全土が完全に軍律の支配下におかれることになった。[21] 一九〇五年三月七日に至っては、軍用施設のみならず、ソウル―仁川間、ソウル―釜山間の日本の民間会社所有の鉄道・電信線にまで軍律を適用することにした。[22]「京釜鉄道線路上ニ於テ、韓人ノ鉄道及電線ニ妨害ヲ加フルモノ、尚未タ止マズ」、列車の脱線、電信線の切断が相次ぐことを理由としているが、[23] 軍律によって韓国における自国民の利権を保護・拡大しようとした措置であったことは言うまでもない。

このように、日本軍は韓国内において軍用電信線・鉄道を中心とした施設の保護を名目に軍律を施行する一方、韓国北東部を戦時の「占領地」とみなし、一方的に軍政を実施した。一九〇四年一〇月八日、長谷川好道駐箚軍司令官は、咸鏡道内において軍政を施行する。続いて同一二日には、軍政施行地域内の住民に対し「告示」を行い、次の項目を「厳守」するよう命令した。

一、軍政地域内ニ於テ、軍事行動ヲ妨害シタル韓人（例ヘハ道路、橋梁、鉄道、電線等ヲ破壊シ、又ハ其ノ運用ヲ妨害シ、兵器、弾薬、糧秣《りょうまつ》、被服、其ノ他軍需品、郵便物、又ハ軍用建築物、舟車等ヲ毀損破壊シ、若ハ盗取シタル者）ハ、軍律ニヨリ之ヲ処分ス。

一、軍政地域内ニ於テ敵軍ノ行動上ノ利便ヲ計リタル者ハ、軍律ニヨリ之ヲ処分ス。

一、軍政地域内ノ保安ニ害アリト認ムル者ハ、軍律ニヨリ之ヲ処分ス。

一、本司令官並駐在長官ノ発スル軍事命令ニ違反スル者ハ、軍律ニヨリ之ヲ処分ス。[24]

日本軍に対する加害・利敵行為については、すべて「軍律ニヨリ之ヲ処分ス」と、厳罰を明記している。しかし、これはあくまで韓国民に対してのものであり、日本人や外国人は例外であった。同年一〇月九日に、長谷川が元山と咸興の両守備隊長に発した「軍政実行ニ関スル内訓」[25]の中では、上記した最初の項目に「但、帝国臣民及外国人ニシテ、本文ノ行為アリタル場合ニハ、軍司令官ノ指揮ヲ受クヘシ」と加えられており、韓国民に対してのみ、軍律に依拠し厳しく対応することが定められていたのである。

引き続き長谷川駐箚軍司令官は、対ロシア策と称し、同年一一月五日には、「北関及烏蘇里《うすり》地方渡航者並船舶取締規則」を公布することで開港地である元山に対する監視を強化し、翌年の一九〇五年一月二〇日には、元山―永興間における軍事的要所に対し、「土地ノ売買質入其ノ他、所有権ノ移動ニ関スル行為ヲ禁止」させる訓令を咸鏡道の各部隊に発した。[26]同二月一五日には、日本軍の北進による占領地域の拡大に伴い、軍政施行地域も北青にまで拡張させることになった。[27]この暴圧的な軍政は、日露戦争が終結したことにより、一九〇五年一〇月一六日をもってようやく廃止になる。[28]

駐韓憲兵隊は、この軍政施行開始とともに、兵員を派遣して軍政を補助していた。一九〇四年一〇月には、咸興へ杉市郎平憲兵少尉と下士一人、上等兵三人を派遣し、また、すでに下士一人、上等兵五人が派遣されていた元山には、憲兵上等兵二人を増派している。[29]上記の「軍政施行ニ関スル内訓」では、「軍政地域内ニハ、時時、憲兵若《もしく》ハ其ノ補助兵員ヲ巡行按検セシメ、軍事警察事務ヲ執行セシムヘシ」と、軍政における治安維持のために憲兵を活用することが明記されていたように[30]、駐箚憲兵隊は、軍政施行の重要な担い手として活動していたのである。

さらに駐韓憲兵隊は、「軍事警察」の執行者でもあった。前述したように、駐韓憲兵隊は、一九〇三年一二月からソウルにおいて軍事警察を行うとしていたが、それに関する詳しい規定もなく、本格的に行われたものではなかった。しかし、一九〇四年六月からソウルにおいて保安会を中心とする排日運動団体による激しい反日民衆運動が展開されると、これに対処するために、軍律の施行と時期を同じくする七月二〇日、原口駐箚軍司令官は、ソウルとその付近において「軍事警察」を実施する。実施に伴い韓国駐箚憲兵隊長に発した訓令は以下のとおりである。

一、作戦軍ノ背後ニ於ケル治安ヲ図リ、以テ作戦ノ進捗ニ妨害ナカラシムル為、韓国目下ノ状勢ニ照シ、京城内外ニ軍事警察ヲ施行セムトス。
二、貴官ハ、京城内外ノ動静ニ注意シ、特ニ諸件ニ対シ、鋭意之カ励行ニ努ムヘシ。但左記第四項ノ実施ニ就テハ別ニ訓示スヘシ。
1、治安ニ妨害アル文書ヲ起草シ、又ハ之ヲ頒布シタル者アルトキハ、其ノ文書ヲ押収シ、関係者ヲ処分スルコト。
2、集会、若《もしく》ハ新聞ノ治安ニ妨害アリト認ムルモノヲ停止シ、関係者ヲ処分スルコト。但、新聞ハ発行前、予《あらかじ》メ軍司令官ノ検閲ヲ受ケシムルヲ要ス。
3、銃砲、弾薬、兵器、火具、其ノ他危険ニ渉ル諸物品ヲ私ニ所有スル者アルトキハ、之ヲ検査シ、時宜ニヨリ之ヲ押収シ、所有者ヲ処分スルコト。

４、必要アルトキハ、郵便、電報ヲ検閲スルコト。疑ハシキ通行人ヲ検査スルコト。(31)

また同時に、京城舎営司令官へ「貴官ハ、京城内ノ静謐《せいひつ》ヲ図リ、時宜ニ依リ憲兵ニ所要ノ援助ヲ与フル為、晝夜ヲ論セス、屡《しばしば》市内ニ巡邏《じゅんら》兵ヲ派遣スヘシ。但其ノ兵力ハ一分隊ヲ下ラサルヲ要ス」と訓令し、憲兵隊への協力を指示した。憲兵隊長への訓令で特に「鋭意之カ励行ニ努ムヘシ」と強調され、詳しく定められた四項目は、集会・言論を取り締まる、いわゆる治安警察、高等警察そのものであった。軍事警察といっているのは、単に戦時下において軍が行う高等警察行動という意味であると思われる。韓国政府に対しては、同日、林権助駐韓公使を通じて以下のように通告した。

韓国ハ我作戦軍ノ為、主要ナル背後連絡線ヲ形成セリ。其ノ治安ノ確実ニ維持セラルルト否トハ、我作戦ノ進捗上ニ著大ノ関係ヲ有ス。故ニ韓国ニ於ケル治安ヲ図ルハ、本司令官ノ執ルヘキ主要ナル職責ナリトス。本司令官ハ韓国目下ノ状勢ニ照シ、作戦ノ必要上其ノ治安ヲ維持セムカ為、京城内外ニ於テ軍事警察ヲ執行シ、必要アルトキハ兵力ヲ以テ所要ノ地点ヲ警備セシメムトス。貴政府ニ於テモ、此際、一層官民ヲ戒飭《かいちょく》シ、禍乱ヲ未発ニ予防シ、以テ静謐《せいひつ》ヲ確実ニ維持スルコトニ力ヲ尽サレムコトヲ望ム。(32)

日本軍の作戦上の都合のために、ソウルの治安維持を勝手に担当し、自由に兵力を動員して必要な場所を警備できるという一方的な通告であった。同二二日、さっそく訓令に基づいて、憲兵隊は歩兵部隊とともに、集会を強制的に解散させると同時に、幹部を拉致するなど、高等警察行動を実施し、排日集会、新聞に対する厳しい取締りを行っていくのである。[33]しかし、反日運動は収束どころか、ますます激化する一方であったため、一九〇五年一月三日、長谷川駐箚軍司令官は、韓国駐箚憲兵隊長に対して以下の新たな訓令を発し、ソウルとその付近における高等警察を憲兵隊のみが執行するとした。

一、韓国目下ノ状態ニ徴スレハ、韓国ヲシテ警察権ノ全部ヲ執行セシムルハ、治安上頗ル危険ナリトス。
二、軍ハ将来、京城及其ノ付近ニ於ケル治安ノ維持ヲ全然担任スヘキヲ以テ、韓国政府ニ於テハ、治安ニ関連スル警察事項ニ就キ、爾今《じこん》、毫モ関係スルヲ要セサルコトヲ同政府ニ声明セリ。貴官ハ爾今、京城及其ノ付近ニ於ケル治安ヲ維持スル為、別紙内訓ニ基キ軍事警察ノ執行ニ任スヘシ。[34]

ソウルにおいては韓国政府官憲の高等警察権を認めないというもので、「別紙」の「軍事警察施行に関する内訓」では、「治安ニ関連スル警察事項ニ関シテハ、韓国軍隊ノ使用及警察権ノ執行ヲ許スヘカラス」と、高等警察に対しては憲兵が排他的な権限をもつとされ、違反者の拘留、退去、新聞・雑誌・広告に対する停止、禁止、危険物の検査、没収の権限まで憲兵隊に与えられた。[35]これは一月六日には長谷川により韓国政府に通告され、同時に韓国民に対しても告示された。

これを受けて、一月八日、駐箚憲兵隊長は、集会結社を取り締まる規定を定め、一般に告示した。その内容は、集会、結社は事前に届出を出し、許可を得なければならないというもので、特に「集会ニハ、憲兵ヲ臨監セシム。該憲兵ノ命令ニハ総《すべ》テ服従スヘシ」と定められ、憲兵は集会を完全な監視下におき、コントロールしようとしたのである。「本令ニ違反スルモノハ、軍律ヲ以テ処分ス」と厳重注意している。[36]ついに軍律が適用されるようになり、ソウル周辺には戒厳令が敷かれたような状態になったのである。

この本格的な「軍事警察」施行によって、それを担う憲兵の数が不足するため、一九〇五年一月九日、長谷川駐箚軍司令官は山県有朋参謀総長に対し、以下のような報告をしている。

当軍ノ憲兵隊ハ、当軍ノ管区猶大同江以南ニ限ラレアル時ニ当リ、四月十七日参謀総長ノ訓令及四月二十四日参謀次長ノ通報ニ依リ、将校二、下士以下四十八ヲ臨時他ニ使用セラレタル侭、下士以下ノ補充ヲナサザル事トナリシガ、爾後、当軍ノ管区漸次拡張セラレ、今ヤ遠ク鴨緑江右岸ノ地区ニ亘《わた》リ、加之《しかのみならず》咸鏡道ニハ軍政ヲ布キ、京城及其付近ニ於テ、治安ニ関スル警察ハ、韓国官憲ニ代リ、全然軍ニ於テ之ヲ担任スル事トナリ。大ニ憲兵ノ必要ヲ増シタルノミナラズ、韓国目下ノ状態ニ徴スレハ、韓国軍隊及地方官憲ハ、到底治安ヲ維持シ得ルノ能力ナキヲ以テ、韓国一円ニ亘リ軍政ヲ布クカ、或ハ軍事警察ヲ一般ニ拡張スルノ期アルベキヲ信ズ。之レガ為メ、現在ノ憲兵ニテハ、大ニ其不足ヲ感スルヲ以テ、至急少クトモ定員ノ憲兵ヲ充足セラレン事ヲ望ム。[37]

前述した一九〇四年四月に行われた駐箚憲兵を野戦憲兵として派遣して以来、その補充は行われず、軍政の施行とソウル付近における「軍事警察」実施により、憲兵の数が極めて不足しているため、早急な増員が必要であると力説している。このことからも、韓国の「治安維持」はもちろんのこと、軍政において憲兵がいかに重大な役割を担っているか明らかである。また、長谷川に代表される軍部としては、軍政を全国に施行するのが一番望ましいと思っていること、そして全国に「軍事警察」という高等警察を憲兵によって施行させるのが次善の策と考えていることがよく表れている文であるといえよう。前述したように、駐箚軍司令官として、「治安維持」を名目に数々の過酷な軍律を一方的に布告し、韓国民を思うがままに抑圧してきた長谷川は、以後も軍主導による韓国支配を企てていたと思われる。軍政の全国施行は無理としても、憲兵を利用して韓国の警察権を掌握しようと考えていたことは明らかである。

長谷川の要求は受け入れられ、一九〇五年三月一八日、編成改正に伴い、尉官五人、准尉官以下一八九人が増員されることになる。配置をみると、本部以下、釜山、元山、仁川、義州、平壌、安州、開城、京城、臨溟、全州、大邱分隊の一一分隊に区分され、その下に五六分遣所がおかれた(38)。増員は行われたが、上記のように、五〇人を野戦憲兵として派遣し、そして各地で死傷者も多く出ていたため、全体兵員の数は約三〇〇人程度と、一年前とほとんど変わらない水準であった(39)。この増員をもって四月二日から全羅道の全州府とその付近においても憲兵による「軍事警察」が執行されるようになる(40)。このようにして駐韓憲兵隊は、日露戦争期間中、「駐箚軍管区ノ拡張ト軍律、軍政ノ施行区域ノ変遷トニ伴ヒ、憲兵ノ配置モ数次変更セシカ、電信及鉄道ノ保護ヲ主要ノ目的トシ、韓国各地ニ分駐シテ高等警察及普通警察ニ従事」していたのである(41)。

以上のような状況は、日露戦争の終結が近づくにつれ徐々に変わりはじめる。日本の勝利がほぼ確実なものになった一九〇五年七月三日には、従来の軍律等を体系的に整理し、形式を整える必要があるとして、「韓国駐箚軍々律[42]」と「軍律違反審判規定[43]」を発布する。この「韓国駐箚軍々律」は、それまで駐箚軍司令官が「必要に応じて」任意的に発布してきた数々の軍律を体系的にまとめたもので、「軍律違反審判規定」と併せて、形式としては一応基準に依拠して行っているということを内外にアピールしようとするものに過ぎなかった。軍律の内容には依然として過酷な処罰規定、例えば「死ニ処ス」項目が多く、軍の行動を妨害する各種の行為はもちろんのこと、「軍事警察及軍政ニ関スル令達ニ違反シタル者」にも適用するとしていた。この軍律整備と審判規定制定の背景には、「彼露国ノ横暴ヲ以テスルモ、尚、関東州ニ於テ清国人民ニ臨ムニ、露国ノ法律ニ依リテ構成セラレタル裁判所ニ於テ露国ノ法律ヲ適用スルコト、為シ、表面ハ自国臣民ヲ所罰スルト同一ノ裁判所ニ於テ、同一ノ法律ヲ執行」していたことを、軍も意識していたからであったと思われる[44]。七月一五日には、憲兵が一般行政にまで干渉している状況を注意するため、小山三巳駐箚憲兵隊長は各分隊長に対して以下の訓令を発した。

　韓国憲兵隊主要ノ任務ハ、韓国ノ治安ノ維持ニ在リ、此ノ任務ノ実行ニ伴ヒ、或ハ民事ニ関係シ、又ハ普通行政ニ干渉スル等ハ、韓国現時ノ状況ニ於テ、止ムヲ得サルノ処置タリト雖、現時ノ如ク無制限ニ之ヲ行フハ穏当ナラス。依テ今後ハ、通常、左記事項ノ外ハ、成ルヘク之ヲ避クヘキ儀ト心得ヘシ。
　一　日本官衙及支金庫ノ保護。
　二　住民ノ生命財産ノ保護ニ関スル事項。

三　単簡《ママ》ナル民事事件ノ調停。
四　衛生ニ関スル事項。
五　軍律以外ニ属スル告訴告発ノ受理及之ニ対スル処分。
六　軍律以外ニ属スル犯罪事件ノ処分。
七　右ノ外、一般行政上、臨時特ニ必要ト認ムル事項。[45]

これには、「治安ノ維持」を名目に、駐韓憲兵隊がその警察権を拡大してほぼ無制限に行使していた当時の状況がよく表れている。憲兵隊の警察権濫用がいかに問題になっていたかがわかる。この訓令はそのような状況に一定の制限を課そうとするものであった。

ポーツマス条約の調印により、日本の勝利が確定した直後である一九〇五年九月一七日、長岡外史陸軍参謀次長あてに大谷喜久蔵韓国駐箚軍参謀長が送った「平和克復後韓国ニ於ケル軍事的司法関係ニ付意見[46]」の中では、「軍律ハ其性質上、戦争状態ニ処スル軍事行動ノ作用ニ外ナラサルヲ以テ、平和時代ニ於テハ有効ニ存在ス可キモノニアラス」と、終戦後における軍律の施行に反対する立場をとりながら、「我軍事的施設ノ安全ヲ保護スル為ニハ、帝国自ラ計ラサルヘカラス、之カ為ニハ韓国ヲシテ条約ヲ以テ、帝国ハ我軍事的施設ヲ防護スル為メ必要ナル命令処罰ヲ為スノ権利ヲ有スルトヲ、承知セシムルヲ唯一ノ方法トス」と述べ、新たな条約をもって軍律に代わる規定を設けるべきであると主張した。一方、「目下、軍事警察ヲ以テ執行シツ、アル治安警察ニ関シテハ、平時ニ在テモ日韓両帝国ノ国交ヲ妨ケ、韓国皇室ノ康安ヲ危フシ、韓国政府ノ変乱ヲ希図《ママ》シ、又ハ動揺ヲ醸出スル等、事態重大ニシテ其必要アリト認ムル場合ニ於テハ、我警察権ヲ以テ臨機干渉セシムルヲ得策トス」と、「軍事警察」、つまり高等警察に関してはその継続を認めていた。そして最後には、「韓国ニシテ如上ノ処罰権ヲ承認セシムルニ至ル過渡ノ期間ニ於ケル処置如何ノ問題ニ至リテハ、戦後未タ秩序回復セサルヲ理由トシテ、依然、軍律ノ効力ヲ保続セシメ、以テ韓国人民ノ非違暴挙ヲ鎮圧スルハ、蓋シ已ムヲ得サルノ手段ナルヘシ」と、過渡期においては軍律の施行で対応するしかないとしていた。

一方、駐箚軍司令官である長谷川は、依然、前と同じ立場であり、一一月の「韓国経営に関する所感摘要」の中では、「施政の改善を迅速且つ容易ならしめんには、韓国の警察権は全然わが手裡に収めざるべからず」、「今後、当分の間、軍政及び軍事警察の力に待つこと多かるべき信念より断案を下せば、少なくとも過渡期間における警察権の行使はもっぱら憲兵に委任するを可なりとす」と、警察権を憲兵に一任すべきであると主張している(47)。一二月三〇日には、寺内正毅陸相にあてた書簡の中で、長谷川は「当地ニ目下ハ表面上静穏ニ帰シ候ヘ共、今ニシテ軍事警察ヲ徹《ママ》シ、憲兵ヲ減員セハ、再ヒ紛擾ヲ惹起スルコト、火ヲ睹ルヨリ明ナリ。果シテ統監府ニ於テ安寧ノ維持カ出来得ルヤ否ヤ、甚タ疑ワシク存候」と主張し(48)、統監府の設置によって、韓国において駐箚軍が握っていた主導権を手放すことになりつつある状況に対する苛立ちを隠さず、「軍事警察」の廃止と憲兵縮小に強く反対していた。これらのことからもわかるように、長谷川が憲兵重視論者の一人であることは間違いない。

大谷の意見は概ね受け入れられ、軍律の施行は、一九〇六年二月一日、韓国に統監府が設置された後も暫くは維持され、同年八月七日に改正された新しい軍律においても、死刑を廃止することに止まった。軍律が停止されるのは、同年一一月以降になってからである。[49] そして、統監府の設置は、「軍事警察」とそれを執行する駐韓憲兵隊にも少なからず影響を与えることになる。一九〇六年二月九日公布の勅令第一八号によって、「韓国ニ駐箚スル憲兵ハ軍事警察ノ外、行政警察及司法警察ヲ掌ル。但シ行政警察及司法警察ニ就テハ統監ノ指揮ヲ受ク」と規定され、[50] 駐韓憲兵隊の権限は、正式に軍事警察から普通警察分野にまで拡張されるようになったが、普通警察については統監の指揮を受けるという制約がついた。この詳細については後述(九一〜九三頁)する。この勅令により、軍用電信線の守備が駐韓憲兵隊の主任務として扱われないようになった。既存の日本軍用電信線の管理は、一月一〇日に設置された統監府通信管理局に帰属されるようになったのである。一方、「軍事警察」は、一九〇六年八月一三日、その範囲を縮小され、名を「高等軍事警察」に変えて施行されるようになる。それに関し、韓国駐箚軍司令官が韓国駐箚憲兵隊長に下した命令は次のとおりである。


韓国皇室ノ康安ヲ保障シ、日韓両国ノ親交ヲ維持スル為、京城及其ノ付近ニ於テ左ノ要領ニ由リ、来ル八月十五日以後、高等軍事警察ヲ施行スヘシ。

第一、高等軍事警察ハ成ルヘク普通警察ノ範囲内ニ立入ラサルヲ要ス。

第二、高等軍事警察ハ韓国皇室ニ危害ヲ加ヘ朝憲ヲ紊乱シ、又ハ日韓両国ノ親交ヲ阻礙《そがい》スヘキ非行ノ取締ニ任スルヲ以テ主眼トス。之カ為、貴官ハ本職ノ認可ヲ経テ左記諸項ニ関スル必要ノ命令ヲ発スルコトヲ得。
一、集会政社ノ取締。
二、文書図書等ノ流布ノ取締。
三、兵器弾薬、爆発物其ノ他危険物ノ取締。
四、高等軍事警察施行地域内出入ノ取締。
第三、高等軍事警察施行上、事ノ外国人ニ関スルモノハ速ニ事情ヲ具シ、本職ノ指揮ヲ請フヘシ。[51]

もはや戦時下ではないため、軍隊・軍事施設に関する条項がなくなり、規制の範囲が若干縮小されたが、基本的な内容は「軍事警察」施行時の高等警察と同じで、集会・言論取締りを行うものとしていた。前述した長谷川の「軍事警察」廃止反対の主張を取り入れた形となったのである。軍律の施行すら一年前に停止しているにもかかわらず、高等警察施行にこだわる、軍・憲兵側の執念がうかがえる。

しかし、一九〇六年一〇月二九日、韓国駐箚憲兵隊は、日本帝国領域内の憲兵隊再編の動きと、統監である伊藤博文が顧問警察を韓国における警察機構の中心とする方針をとったため解散し、第一四憲兵隊として改編され、その規模を一時的に縮小させる。[52]

再編成当時の一九〇六年一一月一三日には、ソウルに本部をおき、分隊を京城（ソウル）、仁川、水原、全州、大邱、釜山、開城、平壌、安州、義州、咸興、鏡城の一二カ所におき、その下に三二の分遣所をおく配置体制であったが[53]、同二二日の改正によって、憲兵分隊の所在地は京城、平壌、定州、釜山、全州、咸興、鏡城の七カ所に減少し、その下の分遣所も二〇カ所に減少した。[54] 人員は、隊長の古賀要三郎憲兵中佐以下、尉官一一人、准尉官五人、下士官四五人、上等兵二二三人の合計二八四人と、若干減少することになった。[55]

同時に「韓国駐在憲兵服務規程」が定められたが、[56] この内容は、「第一条、本規定ハ韓国駐在憲兵隊ノ軍事警察服務ニ関スル事項ヲ規定スルモノトス」、「第二条、憲兵ハ軍紀風紀ヲ維持シ、軍人軍属ノ非違ヲ警防シ、軍ノ危機ヲ防過シ、兼テ韓国皇室ノ康安、日韓両国ノ親交ニ阻碍ナカラシムルヲ努ムヘシ」としているように、純然たる軍事警察の規定であり、内地と同じ憲兵体制に位置づけようとする意図をよく表していると思われる。しかし、「第十四憲兵隊ハ軍事警察、特ニ京城内外ニ於ケル高等軍事警察ニ尤モ力《ママ》ヲ用ヰ、兼テ司法及行政警察ヲ分担[57]」したというように、改編後も、引き続きソウル内外において高等警察を主な任務としていたのである。駐韓憲兵隊において高等警察は憲兵の本職ともいえる存在であった。

第2節 義兵闘争高揚期における駐韓憲兵隊

1 日本軍守備隊による韓国民虐殺問題

一九〇七年七月一九日の高宗強制退位と八月一日の韓国軍隊解散を機に全国的に義兵闘争は激しさを増し、日本軍と統監府はその鎮圧に腐心することとなる。

日本軍はその権限をどこに求めていたのか。まず日本側がその根拠としているものは何かをみてみよう。前述したように、日本軍は、韓国民と政府に対しては一方的な告示、通知による軍律の施行で韓国民の抵抗を弾圧してきた。しかし、戦争終結後からは、内外の目を気にしはじめ、その根拠となるべきものが必要になったのである。一九〇五年一二月二〇日の統監府官制公布以前は、韓国内における日本軍の任意の軍事行動を保証した一九〇四年二月二三日調印の「日韓議定書」を日本軍は義兵鎮圧の「根拠」としてきた。つまり、第四条の「第三国ノ侵害ニ依リ、若クハ内乱ノ為、大韓帝国ノ皇室ノ安寧、或ハ領土ノ保全ニ危険アル場合ハ、大日本帝国政府ハ速ニ臨機必要ノ措置ヲ取ル可シ。而シテ大韓帝国政府ハ右大日本帝国政府ノ行動ヲ容易ナラシムル為、十分ナル便宜ヲ供与スル事(58)」という条文を無理矢理拡大解釈することにより、韓国政府の了解がなくても、日本政府は韓国国内における日本軍の軍事行動を自由にできるようにしていたのである。

一九〇五年一〇月二五日に駐韓臨時代理公使萩原守一が外務大臣小村寿太郎にあてた電文を以下に揚げる。

昨日、長谷川司令官ヨリ本官ニ対シ、江原道、忠清道及慶尚道方面ニ蜂起シタル義兵ハ、所在官民ヲ苦メ、通信機関ヲ妨碍シ、狂暴ヲ逞クスルニ拘ハラス、韓国政府ハ之カ掃蕩《そうとう》ノ為、軍隊ヲ派遣シタリト云フモ、爾来数旬、其効果ヲ見ス、却テ滋蔓《じまん》ノ状態ニ在リ。若《も》シ之ヲ放置セバ、延《ひい》テ韓国一般ニ累ヲ及ホスナキヲ保セサルヲ以テ、日韓協約〔日韓議定書〕ノ精神ニ基キ、速ニ安寧ト秩序トヲ恢復センカ為、憲兵ヲ派遣シテ、之カ鎮圧ニ従事セシムルコトニ決シタル旨ヲ通知シ来リ。且、此旨韓国政府ニ通告スヘキ様、申来リタルヲ以テ、本官ハ本日韓国政府ニ対シ、義兵ト称スル暴徒ノ鎮圧方ニ付、数回公文ヲ以テ注意ヲ加ヘタルニ、貴国〔韓国〕政府ハ直ニ必要ノ手段ヲ採ルヘキ旨、言明サレタルニ拘ハラス、其後一ヵ月余ヲ経過スルモ、暴徒ハ益々各地ニ滋蔓シ、内外良民ヲ苦メ、通信機関ヲ妨碍スルニ至リタルハ、貴国政府ノ力之ヲ鎮圧スル能ハサルニ非ラスシテ、貴国政府ノ怠慢ノ結果ナルヲ以テ、最早、貴国政府ノ力ニ依リテ、之カ鎮座ヲ見ルコトハ望ナシト認ムルノ外ナキヲ以テ、我軍官憲ニ於テハ、断然憲兵ヲ以テ、之ヲ掃蕩スルコトニ決シ、直チニ之ヲ決行スル旨ヲ通告シタリ(59)。

日本の通信機関が義兵の攻撃を受けているにもかかわらず、韓国政府には義兵を鎮圧する能力も意図もないと断定し、鎮圧に憲兵を派遣すると決定した、と一方的に通告してきたのである。このとおり、長谷川好道駐箚軍司令官は、前日一〇月二四日に、駐箚憲兵隊に対し、「守備隊ノ後援ニヨリテ、憲兵ヲ派シ、江原道、忠清道付近ノ匪徒（義兵）ヲ鎮圧シ、速ニ該地方ノ安寧ト秩序トヲ恢復スルコトヲ努ムヘシ」と訓令し、実際それに従い、憲兵三六人が現地に派遣されていた(60)。

しかし、日露戦争終結後にも軍律による行動には「軍司令官ニ特別司法権ノ全体ヲ委任シ、韓国人民ニ対スル命令処罰ハ、一ニ其意図ニ依ルヘシトスルハ、果シテ諸外国ノ物議ヲ惹起スルノ慮ナキヤ否、是、頗ル重大問題ニシテ、慎重ノ考量ヲ要スヘキモノアリ(61)」と、海外の目を意識することになり、一九〇五年一一月一七日調印の「第二次日韓協約」により統監府が設置され、伊藤博文が初代統監に任命されてからは、そのやり方を変えることになる。欧米列強や韓国国内の世論の悪化を懸念していた伊藤は、日本軍からの一方的な通告によって設けられてきた従来の軍律の施行を停止させ、韓国政府から正式に依頼を受けてから行動するという、表向きの口実を設ける方法をとったのである。すなわち韓国政府側から義兵鎮圧の依頼があれば、統監がそれを受けて、軍司令官に通達するという形である。伊藤は、一九〇七年七月一九日、高宗強制退位の際、高宗に次のような詔勅を出させて、義兵鎮圧は正式に韓国皇帝から統監に委任されたものであると内外にアピールした。

朕ハ十年前ヨリ皇太子ヲシテ政治ノ事ヲ行ハシメントノ意アリシモ、時期到達セサリシ為、荏苒《じんぜん》今日ニ及ヘリ。然ルニ今日、即チ其時期ニ達スルト思考セルヲ以テ、朕ハ任意位ヲ皇太子ニ譲レリ。而シテ朕カ此措置ハ自然ノ順序ヲ践ミ、宗社ノ為賀スヘキ事ナルニ係ハラス、却テ愚昧ノ臣民、其主義ヲ誤解シ、徒《いたずら》ニ憤慨シ或ハ暴徒ヲ企ツルモノナキヲ保セス。統監ニ依頼シ、此等ノモノヲ制止シ、或ハ事宜ニ依リ鎮圧スル事ヲ委任ス。(62)

伊藤統監は上記の「委任」を受け、直ちに長谷川駐箚軍司令官に鎮圧活動を命令したのである。(63)もちろんこの詔勅は、伊藤があらかじめ作っておいた文書を無理矢理に皇帝に認可させたものである。(64)また韓国軍隊解散の前日である一九〇七年七月三一日には、韓国政府から次の内容の公文を受け取ったとした。

兵制改革ノ為、発布ノ詔勅ヲ奉遵シ各隊解散ノ時ニ、人心ノ動擾セサル様予防シ、或ハ違勅暴動者ハ鎮

圧スヘキコトヲ閣下〔伊藤統監〕ニ依頼セヨトノ我皇帝陛下ノ勅旨ヲ奉呈致候。(65)

特にこの公文が、以後、日本軍の義兵闘争鎮圧における格好の口実となったことは、伊藤が日本軍将校の前で行った演説の中で、「是レ即チ日本軍隊ノ力ヲ以テ暴徒鎮圧ニ従事セル根拠ナリ。此公文ハ本官直ニ之ヲ軍司令官ニ移牒シ、討伐ニ着手セシメタルト共ニ、亦、我皇上陛下ニ奉上セリ」と述べ、上掲の公文を会場まで携帯し、わざわざその内容を読み上げていることからも明らかである。(66) このような委任に基づいて、伊藤は日本から七月に一個旅団（歩兵第一二旅団）を、九月には一個連隊（臨時派遣騎兵隊）を、そして一九〇八年五月には二個連隊（第六師団歩兵第一三連隊と第七師団歩兵第二七連隊）(67)を次々と日本から呼び寄せ、当時、一個師団しかなかった韓国駐箚軍を強化し、その武力をもって義兵闘争を早期鎮圧しようとしたのである。(68)

また、一九〇七年一一月六日には、李完用内閣総理大臣が伊藤統監に送った書面の中で、韓国政府が統監府に、警察権の執行に対し憲兵隊の援助を依頼したとし、一一日に統監府から憲兵隊に通達している。(69) 以後これが憲兵隊の義兵鎮圧の根拠として、現場レベルの憲兵にまで認識されていたことは、平野吾平次という韓国駐箚憲兵隊の憲兵曹長が書いた、次のような文章からも読み取れる。

我々憲兵が、韓国人に対し韓国内地に於て警察権を執行するは、其国家権を侵害せさるやとの疑念を抱く人あらん。然り、原則としては国際公法上不穏当ならんも、明治四十年十一月六日韓国政府より、警察権の執行に関し、韓国駐箚憲兵に委任ありしことを知らは一目氷解するならん。(70)

このように義兵鎮圧は、韓国皇帝、韓国政府から統監へ正式に「依頼」、「委任」されたという形式を整えた伊藤は、それを根拠として、義兵を韓国皇帝、韓国政府に対する反乱と規定し、駐箚軍守備隊と憲兵隊は、義兵を「暴徒」として「合法」的に弾圧しようとしたのである。もちろん当時の韓国政治機構内にも、義兵鎮圧まで日本に委任するというやり方に不満をもち、異議を唱える高官もいた。一九〇八年三月一八日に開かれた韓国の中枢院特別会議の中で尹吉炳賛議[71]は、「暴徒鎮圧の為め外国の兵隊を借りるは国辱なるを以て、急に徴兵令を実施し完全なる軍隊を編成すること」と、「日本兵を以て韓国人民を討伐するは、日日に益敦厚なるべき日韓両国の親交を害するものなり。故に速に日本兵の撤退を交渉すること」など、六カ条の建議を提出したが、その提案は受け入れられなかったという[72]。

それではなぜ伊藤統監は守備隊ではなく、憲兵隊に義兵鎮圧を任せようとしたのか。その理由の一つとして日本軍守備隊の虐殺問題があったと思われる。日本軍は、前述したように韓国政府からの「委任」を根拠として、義兵討伐を進めていく[73]。一九〇七年八月以降、韓国軍隊解散により解散軍人も加わったことで、義兵の抵抗は一層激しくなり、闘争の高揚期に当たる一九〇七年七月から一九〇八年八月までの一四カ月の間、日本軍守備隊の鎮圧による義兵の死亡者数は一万二〇〇〇人に達する。しかし、それに対し日本側の死亡者数は、わずか七〇人に過ぎない[74]。これは戦闘や戦争によると見るよりも、一方的な虐殺といった方が自然であろう。この数字の不均衡について、当時、韓国で発行されていた日本の新聞[75]などはもちろん、今日の韓国における義兵史研究の中でも、その原因を日本軍と義兵の武装の差で説明してきた[76]。もちろん、そのような側面も無視できない。解散軍人の参加を得て、義兵の戦闘力が強化されたことは事実であるが、大半の義兵は旧式火縄銃で武装していたからである。(77)しかし、戦闘においての死亡者以外にも、F・A・マッケンジーが『朝鮮の悲劇』で「多くの戦闘において、日本軍は、負傷者や投降者のすべてを、組織的に殺戮した(78)」と述べているとおり、抵抗能力のない者に対しても日本軍は殺戮を行った。日本軍側の史料でも一般的に負傷者や捕虜は、死亡者の五倍あるとされているが(79)、上記の義兵の死亡者数約一万二〇〇〇人に対し、負傷者数は約三〇〇〇人であり、捕虜の数はもっと少ない約九〇〇人と、死亡者数の三分の一程度にすぎない(80)。牟田敬九郎韓国駐箚軍参謀長が、「従来討伐ニ際シ捕獲セル賊徒ハ、状況ニ応シ軍隊ニ於テ適宜処分シタル様ニ被存候(81)」と記していることからも、負傷者や捕虜が日本軍によって殺害されていたことが容易に推測できる。「義兵の投降の機会を奪っての虐殺ではなかったか」といわれるゆえんである(82)。

また、日本軍の「焦土作戦」による犠牲者も無視できない。一九〇七年九月七日、長谷川駐箚軍司令官が韓国民一般に対し発した告示は、村民が義兵に加担、同調する場合、村ごと厳重処罰するという過酷な内容であった(83)。この告示によって、『朝鮮暴徒討伐誌』にも「討伐隊ハ以上ノ告示ニ基キ、責ヲ現犯ノ村邑ニ帰シ、誅戮ヲ加ヘ、若クハ全村ヲ焼夷スル等ノ処置ヲ実行シ、忠清北道堤川地方ノ如キ、極目殆ント焦土タルニ至レリ(84)」と記されているように、焦土作戦が実行され、多くの村落と民間人が犠牲になったのである。つまり日本軍は負傷者、捕虜、民間人といった抵抗能力のない人々まで、組織的に虐殺したことは明らかであった。

一九〇八年三月一三日付『福岡日日新聞』には、一九〇七年一二月一二日、慶尚北道義城郡點谷面の沙村

という村に、義兵長の捜索に来た守備隊が、村の男子全部を田圃に集め、義兵に加担している疑いがある者はその場で捕らえ、「村民に向ひ一場の訓示を与え、その面前にて此賊を銃殺せし」との記事が載っている。(85)また、同四月二〇日付には、「捕虜権は長沙禹我洞付近戦闘の際、我監視の疎なるに乗じ逃走を企たるを以て、之を射殺せり」との記事がある。(86)この記事から、義兵の捕虜はその場で射殺するか、逃亡などを口実に射殺していたことがわかる。

このような日本軍の虐殺に対する内外の批判は厳しいものであった。ここでは日本軍の虐殺を非難する論調の強い、韓国内外の新聞の論説を挙げてみる。

まず当時、統監府に対し批判的な論調を維持していた、もっとも代表的な民族陣営の新聞である『大韓毎日申報』は、一九〇七年一〇月一〇日、論説「騒乱を止息させる方策」の中で次のように述べている。

　現在行動を固執し、義兵が逗留、或は過宿した村里人家を随処衝火し、玉石不分して無罪人民を恣行濫殺することが、ただ人理之所であるとはとても考えられず、義兵を終息させる方策にはならない。義兵でも非義兵でも被禍が一般であるなら、是死を待つだけである。故不胥起面為義兵し、益々其決死之志を堅くせずにいられるか。此は決して義兵を止息させるものではなく、義兵をより一層増加させるものなり。たとえ淫威虐焰で該地人民を屠戮《とりく》し尽し、其根株を絶やしても、果たして快挙になり良策になるのか。(87)

『大韓毎日申報』は、長谷川駐箚軍司令官の告示による日本軍の焦土作戦と無差別虐殺は、かえって義兵の増加を招くだけの悪策であると警告している。また、一九〇八年八月二九日、横浜で発行されていた英字新聞の *THE EASTERN WORLD*[88]は、次のように辛辣な論評をイギリス政府に加えている。

韓国で日本軍隊が一四ヵ月前から今まで行っている野蛮的戦争は、未だどんな文明国家もやったことがない。またどんな半文明国家でも日本軍隊のように無慈悲、かつ卑怯に人々を大量虐殺したことはなかろう。〔中略〕イギリスも、日本が韓国人を大量虐殺できるように放置した以上、罪を犯したことになり、また、今も行われている無慈悲な虐殺を卑怯に傍観するのも犯罪行為である。韓国人の命を握っている伊藤公の支援の下で殺された数万の犠牲者の血は、彼〔伊藤〕の手だけではなく、イギリスの手にも付いている。したがって、いつかイギリスもそれに対し報いを受けるであろう。[89]

そこでは日本軍の虐殺行為を非難するのはもちろん、責任者でありながらそれを容認している伊藤統監や、日本の同盟国として虐殺を傍観しているイギリス政府に対しても、強い非難と警告がなされていたのである。

このように、日本軍の過酷な義兵鎮圧に対する批判が内外で相次いだため、一九〇八年五月三〇日より、長谷川駐箚軍司令官は、それまでは一般に公表され、新聞にも掲載されていた義兵鎮圧の結果報告を秘密にせざるをえなくなった事実は、注目に値する。[90] この措置により、従来『福岡日日新聞』紙上で連日掲載されていた、守備隊と義兵との戦闘報告はほぼ打ち切られ、当紙の義兵鎮圧関係記事は、商人など民間人を通じた情報に依存せざるをえなくなったのである。また『陸軍省密大日記』にほぼ隔週で掲載されていた、牟田駐箚軍参謀長から石本新六陸軍次官へ送られていた「韓国内各地ニ於ケル戦闘詳報」も、同時期を境に途切れてしまうが[91]、このことも長谷川の措置と何らかの関係があるのではないかと推測される。

2　統監伊藤博文の韓国治安維持構想

それでは日本軍の虐殺行為と憲兵隊台頭はどのような関係にあるのか。それを知るためには当時の統監伊藤博文の意識の変化を見なければならない。まず先に述べた内外の批判に対する伊藤の反応から見てみよう。

前記したとおり、日本軍の虐殺行為について内外からの批判が相次いだため、欧米列強の非難を危惧した伊藤統監は、義兵鎮圧のやり方を変えざるをえなくなった。一九〇七年一一月二九日、林董外務大臣は伊藤あてに次のような電報を送った。

内聞スル処ニ依レハ、英国政府ハ、韓国各地方ニ駐屯スル日本軍隊ノ韓人ニ対スル行動、往々過酷ニ渉リタルコトアルヤノ風説ヲ耳ニシ、目下、事実調査中ニシテ、例ヘハ我カ軍隊ニ於テ暴徒討伐ノ際ニ、村落中暴徒ヲ宿泊セシメタルモノアルヲ以テ、其全村ヲ焼払ヒ、之カ為、無事ノ良民ヲシテ、飢寒ニ苦マシムルノ実例少カラストノ報ヲ伝フルモノアリト云フ[92]。

ここで林外相が問題視しているのは、言うまでもなく長谷川駐箚軍司令官の焦土作戦のことである。その暴挙について、イギリス政府が事実を調査しているとして、伊藤の注意を促している。これに対し伊藤は、

暴徒鎮圧ノ事ニ就テハ、本官不在中、過酷ヲ失スル軍事命令アリタルヲ以テ、軍司令官ニ其命令ヲ変更セシメタリ。兎角《とかく》、少数ノ兵力ヲ以テ各地出没極リナキ暴徒ニ対スル故ニ、玉石倶ニ焚クノ虞ナシトセス、昨今ハ軍隊ニ於テモ大ニ注意ヲ加ヘタリ。然レトモ地方ニ在ル耶蘇宣教師等ヨリノ発信ハ、欧米ニ向テ大ニ吾レニ反対ヲ鼓吹スルノ悪評ハ免レサルヘシ。英国政府ノ此ノ事ニ付キ、取調ヲ為ストノ説ハ、其出所何《いず》レヨリ来リシヤ御示ヲ乞フ(93)。

と回報し、外国人宣教師らの告発による欧米での悪評、特にイギリス政府の非難を気にしながら、命令は自分が不在中に行われたものであったとし、その変更を指示したことを述べている。これにより、一二月一九日、「従来、討伐ニ際シ捕獲セル賊徒ハ、状況ニ応シ軍隊ニ於テ適宜処分シタル様ニ被存候へ共、斯様ノ賊徒ニ在テモ捕獲当時ノ模様及状況ノ緩急ニ依リ、可成《なるべく》前陳ノ帰順者ノ例ニ従ヒ取扱候様致度(94)」という、牟田駐箚軍参謀長の通牒が出されたのである。また、前述した一九〇八年の三月と四月の『福岡日日新聞』の記事に書かれていたように、警察権をもたない守備隊が、義兵を捜索、逮捕、処断していた行為も、「抵抗逃走ヲ企ツル者ノ外ハ一切殺戮ヲ禁シ、総テ憲兵警察ニ引渡シ、其取調ヲ受ケシメ(95)」るような討伐方法に変わったのである。

しかし、伊藤統監が軍隊に注意し義兵鎮圧方針を改めたとしても、それが直ちに反映されるわけではなかった。それには伊藤と軍部との間には確執があったためである。もともと伊藤は統監就任の際、駐韓日本軍の兵力使用権を統監職承諾の大前提として強く要求していたため、軍部内で統帥権侵犯論争を引き起こしていた経緯があるといわれる。(96)結局、明治天皇の仲裁により、軍部が伊藤に譲歩し、(97)一九〇五年一二月二一日に公布された「統監府及理事庁官制」の第四条では、「統監ハ韓国ノ安寧秩序ヲ保持スル為、必要ト認ムル時ハ、韓国守備軍ノ司令官ニ対シ兵力ノ使用ヲ命スルコトヲ得」ると規定され、制限付きとはいえ統監には在韓日本軍の使用権が与えられることとなった。(98)そして、韓国駐箚軍司令官には、一九〇六年一月一六日、参謀総長から「貴官ハ、韓国統監ヨリ韓国ノ安寧秩序ヲ保持スル為、兵力ノ使用ヲ命セラルル時ハ、之ニ応シ適宜処置スヘシ」との訓令が与えられた。(99)また、一九〇六年八月一日に公布された「韓国駐箚軍司令部条例」には、第三条に「軍司令官ハ、韓国ノ安寧秩序ヲ保持スル為、統監ノ命令アルトキハ、兵力ヲ使用スルコトヲ得。事、急ナル場合ニ於テハ、便宜之ヲ処置シ、後、統監ニ報告スヘシ。前項ノ場合ニ於テハ、直ニ陸軍大臣及参謀総長ニ報告スヘシ」と定められた。(100)これらにより、従来のような軍司令官の独断による義兵鎮圧活動は、ある程度できなくなったのである。

しかし、駐箚軍側は、「統監府の府制に、統監は必要ある場合に於て韓国軍司令官に兵力の使用を命ずる事を得とあるに対し、在韓の軍人は之に慊《あきた》らず、大谷参謀長は之に関して山県、大山諸老に稟議する為めに帰朝す」(101)と新聞で報じられていたことからもわかるように、文官である統監が兵力使用権をもつことに対し強い不満を抱き、反発していた。長谷川駐箚軍司令官も寺内正毅陸軍大臣に対し、統監府官制について以下のように厳重な抗議をしていた。

〔前略〕統監府官制並ニ条例トモ閣下ノ副署ヲ以テ発布相成候処、第四条ニ統監ハ司令官ニ出兵ヲ命スルコトヲ得ルト有之候。抑、司令官ハ統監ニ隷属スル者ニ有之候哉。已ニ師団長ト雖モ、天皇ノ直隷ナリ。況ンヤ軍司令官ノ直隷タルコトハ申迄モ無之事ト存候共、天皇ノ直隷タル司令官、統監ハ、命令スルノ権能有之候哉。恐クハ天皇ノ外無之者ト存候。又、其後条ニ、統監事故アルトキハ、司令官又ハ総務長官ヲシテ代理セシム云々、軍隊指揮官ニシテ文官制度ノ統監職務ヲ代理セシムルカ如キハ、軍紀上甚穏当ナラザル様、愚考致候〔後略〕(102)。

ここでは反対の理由として、天皇への隷属問題や、軍紀上の問題を挙げているが、それには統監である伊藤に対する反感と、対等の意識も大きくかかわっていたと思われる。実際、この書簡の後半部には、前述した統監府の治安維持能力に対する批判と軍事警察の廃止反対意見も書かれており、また後に副統監の職が設けられ、その人選の候補として長谷川の名前が新聞に挙げられた際も、「正直、統監ナレハ兎モ角モ、副統監トハ実ニ情ナキ次第ニハ無之哉」と不満を漏らしている(103)。このことからも、駐箚軍側が統監の命令に素直に従うようなことは、ありえなかったと思われる。長谷川は、上記の一九〇六年一月一六日の訓令後も依然、納得していない態度をとり続けている(104)。前述したとおり、統監の要求により、一九〇七年一二月に「参謀長の通牒」が出されたのにもかかわらず、次の年の三月、四月の『福岡日日新聞』前掲の記事のように、守備隊の虐殺行為が行われていたのである。

そのような状況下で伊藤統監がとったのが憲兵隊重視政策である。伊藤は統監就任以来、韓国における警察機関の拡充に専念し、顧問警察という文官警察を通じて行おうと努力してきた[105]。しかし、文官警察では高揚し続ける義兵闘争に対処しきれず[106]、やむなく日本本国からの増兵を要請したが、軍の影響力を強めることは伊藤の望むところではなかった。義兵闘争に対処できる軍隊組織でありながら、警察機関でもあるもの、それが駐韓憲兵隊であったのである。その点で伊藤は軍部と妥協したのであろう。「陸軍当局者は伊藤統監、村田〔惇〕少将の意見に従ひ内地より増兵するを止め、憲兵増加の方法によりて、一方警察を完全にし、他方には守備隊の勢力を援助せしむることとし、〔中略〕此方法によるときは守備隊を事実上増兵したると同様にして、草賊の討伐及守備に付き、憲兵隊の拡張は行政上に於ても守備上に於ても尤も策を得たるものにして、韓国守備軍増員の必要なきに至り、暴徒の蜂起を防ぎ秩序を回復し得るに至るべしと云ふ[107]」という新聞記事からもわかるように、憲兵隊の拡張は警察機関及び軍機関両方の拡張につながるものであった。

さらに、伊藤統監が憲兵隊を重視した理由はその指揮権の問題にある。統監は早くから憲兵隊に対する指揮権を整備し、確保してきた。前述したように、一九〇六年二月の勅令第一八号では、「韓国ニ駐箚スル憲兵ハ軍事警察ノ外、行政警察及司法警察ヲ掌ル。但シ行政警察及司法警察ニ付テハ統監ノ指揮ヲ受ク[108]」と規定され、統監が憲兵隊の行政・司法警察を指揮するようにした。その警察権に関しての責任・権限などを細かく規定したのが、一九〇七年二月の統監府訓令「憲兵隊警察執務心得」であるが、その内容は次のとおりである。

第一条　憲兵隊長ハ行政警察事務ニ関シテハ、予メ警務総長ト協定スヘシ。
第二条　憲兵隊長ハ司法警察事務ニ関シテハ、予メ法務院長ト協定スヘシ。
第三条　憲兵ハ行政警察及司法警察ニ関シテハ、関係理事官又ハ副理事官ト協議スヘシ。
第四条　憲兵ハ行政警察及司法警察ニ関シテハ、其ノ地駐在ノ警察官ニ対シ適宜相当ノ援助ヲ成スヘシ。
第五条　警察官ノ駐在セラル地ニ分遣セラレタル憲兵ハ、専ラ行政警察及司法警察ニ関スル事務ヲ執行スヘシ。前項ニ依リ管掌シタル警察事項ハ、関係理事官又ハ副理事官ニ之ヲ報告スヘシ。
第六条　憲兵隊長ハ管掌シタル行政警察及司法警察事務ニ関シテハ、毎月末日、之ヲ報告スヘシ。但シ緊急又ハ重要ナル事項ハ即報スヘシ。
第七条　憲兵隊長ハ憲兵隊本部ノ位置並分隊ノ配置及其ノ管区ニ変更アリタルトキハ、之ヲ報告スヘシ。
第八条　高等警察事務ニ関シテハ、別ノ定ムル所ニ據ル。(109)

このように、伊藤は、憲兵隊が行政・司法警察権を執行する際、他の警察機関との管轄事項について細かく規定し、その活動に制限を設けようとしたのである。そして、一九〇七年一〇月八日公布の勅令第三二三号「韓国駐箚憲兵ニ関スル件」では、

第一条　韓国ニ駐箚スル憲兵ハ主トシテ治安維持ニ関スル警察ヲ掌リ、其ノ職務ノ執行ニ付統監ニ隷シ、

又韓国駐箚軍司令官ノ指揮ヲ承ケ兼テ軍事警察ヲ掌ル。
第二条　憲兵隊本部ノ位置並分隊ノ配置及其ノ管区ハ統監之ヲ定ム。
第三条　統監ハ必要ニ際シ、一時憲兵隊ノ一部ヲ其ノ管区外ニ派遣スル事ヲ得。
第四条　憲兵ノ服務ニ関スル規定ハ統監之ヲ定ム。但シ其ノ軍事警察ニ係ルモノハ韓国駐箚軍司令官之ヲ定ム。
第五条　前諸条ノ規定ノ外、韓国ニ駐箚スル憲兵ニ付テハ憲兵条例ニ依ル。(110)

と規定され、憲兵隊の主任務を治安警察とした上で、憲兵隊の配置、派遣、服務規程までを統監が掌握し、憲兵隊の活動は文官警察機構である韓国警察と同じく統監の指揮下におかれることになった。これにより伊藤が目指していた警察機構拡張は、憲兵隊拡張という形で続けられるようになったのである。

駐韓憲兵隊は、その名を第一四憲兵隊から韓国駐箚憲兵隊に改称し、それまで中佐クラスであった憲兵隊長職を少将に格上げし、明石元二郎陸軍少将がその任に就いた。日本及び台湾駐在の各憲兵隊長は少佐ないし大佐クラスであり、少将クラスは全隊を管轄する東京の憲兵司令部の司令官（当時林忠夫）のみであったことから、少将の配置は当時の憲兵慣例からみると異例の措置であった(111)。それに併せ、人員も一〇月三日の編成改正によって、隊長の明石元二郎少将以下、佐官四人、尉官二九人、准尉官一三人、下士官一一四人、上等兵六二七人、その他一八人の合計八〇六人の体制となった。編成改編前の二八六人から飛躍的な増員を果たしたのである。一〇月二九日には配置を改正し、本部を京城（ソウル）、京城分隊の下に美洞、筆洞、竜

【表 3】韓国駐箚憲兵隊の配置状況

	分隊	分遣所	派遣所	出張所	人員数
1906 年（12 月 1 日現在）	7	20			289
1907 年（10 月 29 日現在）	6	46			751
1908 年（7 月 18 日現在）	6	441	11		2,182（4,100）
1909 年（8 月 10 日現在）	6	442	23	4	2,219（4,100）
1910 年（7 月 1 日現在）	77	525	3		3,410（4,122）

出典：『朝鮮憲兵隊歴史』1/11〜3/11 より作成。
注　：人員数欄の（　）は憲兵補助員の数。間島分隊の分は除いた。

山、仁川、平山、高陽、汶山、麻田、鉄原、楊州、議政府、高安、楊根、江華島、竜湖島分遣所を、平壌分隊の下に鎮南浦、載寧、砂利院、殷栗、寧辺、雲山、定州、新義州分遣所を、天安分隊には屯浦、温泉里、礼山、洪州、鎮岑、連山、珍山、錦山、全州、鎮川、並川、忠州分遣所、釜山分隊には金海分遣所、栄山浦分隊には木浦、羅州分遣所、咸興分隊には案辺、北青、恵山鎮、清津、会寧、穏城、慶興分遣所を配置した。韓国内には六分隊四六分遣所体制になり、七五一人を配置するほか、間島分隊を設置して七分遣所をおき、五四人を派遣している。[112]さらにこれ以降も急速に増員され、一九〇八年一月二八日の編成改正では、その定員が、明石少将以下、佐官五人、尉官三八人、准尉官一八人、下士官一八五人、上等兵一八〇〇人、その他二七人の合計二〇七四人になり、二倍以上に増えることになったのである。[113]配置には新たに管区制を導入し、管区内の分遣所間の連絡の統一を図った。これで韓国内では六分隊三八管区に一五九の地域を管轄する体制となった。なお、間島の配置に大きな変化はない。駐韓憲兵隊は当分の間、この二〇〇〇人体制を維持していく。

第3節　駐韓憲兵隊の機構拡張

1　「憲兵補助員制度」の導入とその意味

一九〇八年以降、憲兵隊拡張の要となったのが憲兵補助員制度である。上記したとおり、伊藤統監は軍組織として義兵鎮圧任務と、警察機関としての秩序回復任務の両方を憲兵隊に期待していたが、そのためには地方情況に精通している韓国人を、憲兵を中心とする支配体制の中に組み込む必要性があると感じたと考えられる。次の文は、韓国政府が発する訓令として、伊藤が考えていた、韓人憲兵の利用法に関する原稿である。

嚮《さき》に詔に依り、各地方に蜂起せる暴徒を鎮圧し、安寧回復の事、統監閣下に依頼したる為め、従来、駐箚守備隊の外、軍隊及憲兵を増派せられたるも、各地、尚未だ全く鎮定に至らず、要するに兵力の不足にあらずして、その活動に不便多きを認むるを以て、茲《ここ》に地方の地理情況を熟知するものを選抜し、之を日本憲兵の補助たらしめ、一面、鎮圧に便ならしめ、一面、地方人民の安寧秩序を回復せしめんと欲す。(114)

義兵闘争鎮圧のために、憲兵を補助するものとして韓国人を採用する、このような構想は、明石元二郎韓国駐箚憲兵隊長から提案されたものとされ、約一〇年前、明石が台湾と仏領インドシナを視察した時からもっていたといわれる。[115] 明石は現地民の利用について次のようなことを述べている。

軍事上に於ても亦た、土人を利用すること必要なり。本来、本国精鋭の軍隊を多く駐屯せしむるときは、其費用を増殖すること極めて大なるのみならず、其気候、風土に慣れざるよりして、夥多の病者を生ずるに至るは、既に今日までの経験に於て明なる所なり。故に土民兵を募集して本国兵を援助し、以て国庫の負担を軽減することを図らざる可らず。[116]

明石は、経済的な負担軽減を理由に、軍事的に現地人である「土人を利用」する必要があると主張していた。また、この「土兵の制」は「世界各国の植民地に於て悉く採用」し、「占領者、被占領者の中間に立ち其融和親密を媒介」するものであるとし、現地人の軍事的利用のメリットについて確信をもっていた。[117] そんな彼が、韓国駐箚憲兵隊長の任に就いたことで、その構想を推進する機会を得たのである。一九〇八年以降、義兵闘争高揚に対する鎮圧のため、憲兵を全国に分散配置する中、その人員数はどうしても足らず、飛躍的に憲兵数を増やし、なおかつ経済的負担が少ない方法が必要とされる状況にあった。その方法こそが憲兵補助員制度であったのである。[118] 明石は、自分の後見である寺内正毅陸軍大臣に、一九〇八年五月三日に書簡を送り、「韓国ニ於ケル鎮圧保護力増加ノ為メ、韓国政府ヨリ経費ヲ支出セシメ以テ四千名許リノ韓人ヲ募集シ、以テ鎮圧機関之補助ニ供セントスル」ことを具申している。また、それと関連して、「列国植民地軍隊ニ土人ヲ一人ニ付キ二人宛ノ割合ヲ以テ収容スルニ慣《ママ》ヒ、憲兵一人ニ付韓人ノ補助員二名ヲ監視セシムル」ことや、「徴兵法ニ依ラス志願者ヲ以テ」、その必要人員を募集することなど、上述した台湾・ベトナム視察時期以来考えていた、「土人」利用の構想からなる憲兵補助員制度の説明を具体的に述べていた。[119] この案は寺内陸相に受け入れられ、また伊藤も賛同し、一九〇八年六月九日、統監官舎で行われた韓国政府との大臣会議席上で、次のように述べて大臣等を説得している。

〔前略〕勘考ノ結果、自分ハ此ノ際、各地ニ於テ多ク軍籍ニアリシ者等ヨリ四千人ノ韓人ヲ募集シ、之ヲ憲兵補助員トシテ日本ノ憲兵ニ付属セシメ、暴徒鎮圧ヲ専門トシ、傍ラ各地治安維持ノ任ニ当タラシメント欲ス。多数ノ応募者中ニハ、嘗テ暴徒ノ群ニ入リ後ニ帰順シタル者モ混スヘシ。是レ已ムヲ得サル事ナリ。何故ニ自分ハ斯カル方針ニ出テタルヤト云ヘハ、統御及訓練ノ上ニ於テ憲兵ハ警察ニ比シ幾多ノ便宜アルカ故ナリ。韓人中警察官ノ心得アル者ハ殆ント皆無ナルカ故ニ、無経験者ヲ募集シ、之ニ警察官タルノ教育ヲ施スハ容易ナ事ニアラス〔中略〕憲兵ノ任務ノ主客ヲ転倒シ、従来ハ主トシテ軍司令官ニ隷属シ、統監ノ命ニ従テ行動スルハ寧ロ客ナルカ如キ規定ヲ一変シテ、総テ統監ノ指揮命令ニ属セシメ、単ニ軍隊ニ関スル事項ニ限リ軍司令官ノ命令ニ服セシムルコトト為シタリ。[120]

前述したように、憲兵隊に対する指揮・監督権を確保していた伊藤は、韓国における警察機関拡張を憲兵隊の拡充によって実行しようとしたことが明らかである。今回の憲兵補助員採用の件も、韓国警察拡充の代わりに行おうとしていたのである。韓国警察に対する失望感と、憲兵に対する信頼感すらうかがえる。引き続き伊藤は、憲兵補助員に解散軍人や免職警官等を採用し、救済することで、「暴徒ノ群ニ投スルモノノ数ヲ減シ得ヘシ」とし、「要スルニ此ノ計画ハ、第一ニハ暴徒鎮圧、第二ニハ貧窮者救護ノ目的ヨリ出テルモノナリ」と意気込んでいた。(121) しかし、韓国警察の名目上の責任者でもある内部大臣の宋秉畯から「日本憲兵ニ混スルニ韓人ヲ以テセハ、其ノ中ニハ先ニ軍籍ニ在リシモノ、警官タリシモノ、又暴徒ヨリ帰順シタルモノモ之ニ加ハリ、現ニ巡検ニ当惑セル人民ハ更ニ韓人憲兵ノ為ニ当惑ヲ感スルニ至ルヘシ。殊ニ巡検ト憲兵補助員ト衝突ヲ起コスカ如キコトアラハ、中間ノ人民ハ双方ヨリ非常ナル苦痛ヲ感セサルヲ得ス。故ニ本件ハ地方ノ情況ヲ鑑ミ慎重ニ考慮シタル上ニ実行スヘキモノナリ」と反対意見が出た。(122) 後に、彼の危惧はすべて現実のものとなる。しかし、伊藤は、「憲兵ハ要スルニ警察ノ異名ニ過キサルモ、其ノ之ヲ憲兵補助員ト為シタル理由ハ、第一、統御ノ便ナルニ基キ、第二ニハ、経費ヲ可成節減センコトヲ期シタルカ為メナリ」と主張して一歩も引かなかった。李完用首相が、「憲兵補助員ヲ置ケハ人民ノ恨ミヲ買フト云フモ、此ノ懸念ハ警察ヲ拡張スルモ亦同様ナリ。次ニ憲兵補助員ヲ募集セハ、除隊軍人、免職巡検又ハ帰順者ノ混入スル虞アリト雖モ、警察ヲ拡張シ新ニ巡検ヲ募集スルモ亦同一ノ結果ハ之ヲ避クルコトヲ得ス」と、伊藤の提案に話を合わせて賛同しても、宋内部大臣はなかなか折れず、憲兵補助員より警察官を採用することを求めた。

しかし、宋以外には反対者もなく、伊藤も最後まで粘ったので、憲兵補助員の正式採用が決まったのであった[123]。伊藤がどれほど憲兵補助員制度に期待を寄せていたかがわかる。伊藤は完全に駐韓憲兵隊を韓国警察の代わりにしようとまで考えていたかのようにも見える。

二日後の六月一一日には、次の内容の韓国勅令第三一号「憲兵補助員募集ニ関スル件」が公布され、憲兵補助員制度が制定されたのである。

第一条　暴徒ノ鎮圧ト安寧秩序ヲ維持スル為、憲兵補助員ヲ募集シ、韓国駐箚日本憲兵隊ニ委託シ、該隊長ノ指揮ニ従ヒ服務セシム。

第二条　憲兵補助員ハ軍属トス。軍部大臣ハ韓国駐箚日本憲兵隊長ノ要求スル事項ニ就キ、憲兵補助員ニ関スル事務ヲ処理ス。

第三条　憲兵補助員ノ欠員補充ハ韓国駐箚日本憲兵隊長此ヲ行フ。但、軍部大臣ハ必要ニ応シ、地方官ニ命令シ此ヲ援助セシム。

第四条　憲兵補助員ニ関スル諸般規則ハ韓国駐箚日本憲兵隊長ノ定ムル處ニ依ル。

付則

第五条　本令ハ頒布ノ日ヨリ施行ス。

第六条　憲兵補助員ハ右膊部ニ赤色李花徴章ヲ付着ス[124]。

この憲兵補助員制度は、日本の経済的負担を減らすために、韓国政府が憲兵補助員を募集し、その運用を憲兵隊に委託するという形式をとらせ、その募集にかかる費用を、韓国政府に負担させたにもかかわらず、憲兵補助員に関する全権限は憲兵隊長である明石が握ることになっていたのである。また、その募集費用だけではなく、明石が林忠夫憲兵司令官に送った報告で、「我憲兵隊ニ依託服務スルコト、ナリタル憲兵補助員所要ノ銃器弾薬ハ、韓国政府保管ノモノヲ支給スル次第ニテ、既ニ三十年式歩兵銃四千五百挺並ニ実包六十三万発ノ交付ヲ受クル運ニ相成居候」と、憲兵補助員に装備される武器・弾薬も韓国政府の負担としながら、「今後、我憲兵ト倶ニ出動シ、暴徒鎮圧ノ為メ費消スル実包ノ補塡ニ就テハ、韓国政府在蓄ノ分無之。仍テ我憲兵隊ノ費消弾薬ニ準シ、爾後、其ノ都度兵器支廠ヨリ塡補相受ケ候様致度」と、これ以上韓国政府に備蓄の弾薬がないことから、これから義兵鎮圧行動中に消耗される弾薬については、とりあえず憲兵隊のものを回すが、「追テ、費用ノ関係上、現品ハ帝国政府ニ於テ支給スルモ、其費用ハ韓国政府ノ負担ト可相成道ヨリ外無之候」と、結局はその費用を韓国政府に負担させることにしていた。[125] これほど経済的負担の軽減にこだわっていた理由としては、まず、一九〇八年二月一日の第二四回帝国議会衆議院予算委員会において、韓国に対する軍事費のことで寺内陸相が厳しく追及される状況であったためといわれている。[126] そして、経済的な面においても憲兵の有用性をアピールするためでもあったと思われる。この有用性問題については次節で詳しく述べることにする。

六月一五日には、勤務・採用・服務・志願者心得・給与・制服について定めた「憲兵補助員規則」が制定された。それは以下のとおりである。

第一章　勤務

第一条　憲兵補助員ハ憲兵ト供《ママ》ニ各地ニ駐在シ、憲兵ノ勤務ヲ帮助シ、安寧秩序ニ関スル勤務ニ服ス。

第二章　採用

第二条　憲兵補助員ハ左記各号ニ該当スル者ニシテ志願者ヨリ之ヲ採用ス。

一、年齢満二十歳以上四十五歳以下ノモノ。

二、禁獄以上ノ刑ニ処セラレタルコトナキモノ。

三、素行善良ナルモノ。

四、身体健全ノモノ。

五、諺文ヲ理解シ得ルモノ。

第三章　服務

第三条　憲兵補助員ハ、満二年間服務スルモノトス。但シ本人ノ志願ニ因リ、満期後更ニ年限ヲ定メテ服務ヲ継続セシム。

第四条　志願者採用決定前一箇月以内ノ見習ヲ命ス。此ノ場合ニ於テ憲兵補助員見習ノ勤務ハ憲兵補助員ト異ナルコトナク、又其ノ定員中ニ算ス。

憲兵補助員ハ服務年限内ト雖、疾病行状其ノ他都合ニヨリ之ヲ解免スルコトアルヘシ。

第四章　志願者心得

第五条　憲兵補助員ヲ志願スル者ハ別紙（略之）様式ニ拠ル志願者ヲ居住地付近ノ憲兵分隊、分遣所

（派遣所）、又ハ郡衙ニ差出スヘシ。
第六条　志願者応募ノ為ノ旅行ニハ、旅費ヲ給スルコトナシ。又、憲兵補助員見習中ノ者ハ不合格ニテ解免ヲ命スル時モ亦旅費ヲ給セス。

第五章　給与

第七条　憲兵補助員ニハ左ノ等級ニ応シ、月給ヲ給ス。

一級俸	二級俸	三級俸	四級俸	五級俸	六級俸	七級俸	八級俸
十四円	十三円	十二円	十一円	十円	九円	八円	七円

第八条　採用当初ノ月俸ハ、第一回応法者ニ限リ七級俸トシ、爾後ハ七級俸以下トス。但シ特殊ノ経歴及技能アル者ハ、此ノ限ニアラス。又憲兵補助員見習中ノ者ハ七円トス。
第九条　月俸ハ勤務ノ成績ヲ考査シ、遂時増給スルモノトス。
第十条　月俸ハ新任、増俸ノ場合ニハ総テ発令ノ翌日ヨリ之ヲ給シ、解免ノ時ハ其ノ当日マテ日計ヲ以テ給ス。
第十一条　憲兵補助員ハ営外居住トス。但シ当分ノ内、憲兵所属宿舎内ニ起臥セシム。其ノ食餌ハ各自ノ自弁トス。
第十二条　憲兵補助員ニハ別ニ定ムル所ノ規定ニ依リ、初年現品ヲ以テ官服ヲ給シ、又年々被服保続ノ為、現品或ハ代金ヲ給ス。
第十三条　憲兵補助員公務旅行ノ場合ニハ、左ノ旅費ヲ支給ス。

一、移転旅費ハ一日一円トス。但シ一日六里詰ヲ以テ算シ、三里以上六里未満ハ半額トス。

又、其ノ他ノ旅費ニ在テハ一泊五十銭トス。

第六章　制服

第十四条　憲兵補助員ニ初度官給スヘキ制服調製ニ至ルマテハ、一時各自ノ自服ヲ著《ママ》用セシム。但シ所定ノ徽章ヲ付着セシム[127]。

採用の条件からもわかるように、憲兵補助員になる採用規定は特に厳しいものではなかった。それは伊藤が大臣会議で述べたように、帰順義兵なども採用できるようにするためであったと思われる。その待遇においても、当時、韓国人巡査の最低月給が五円だったのに対し[128]、憲兵補助員の最低月給は七円となっており、警察側が「憲兵補助員ト権衡ヲ得サル」状況を認めて、韓国人巡査の給料引き上げを検討するほど、悪くないものであったと考えられる[129]。また、第八条のように、「特殊ノ経歴及技能アル者」、つまり、日本語ができる人や、銃を扱える人などには、月一円~五円の特別手当も与えられ、優遇された。前年の韓国軍隊解散によって失職した元軍人には有利な条件であった。制服も憲兵と同じものが支給されたが、第一四条のように、肩章はつけず、代わりに上着と外套の左腕に徽章をつけさせて憲兵と区別した[130]。また、明石が宇佐川一正軍務局長へ、「憲兵補助員ハ憲兵ト同一ノ勤務ニ服スル者ニ付、其傷病者ニ対シテハ相当ノ保護ヲ与フルノ必要有之候」と具申し、憲兵隊と同様の医療機関で治療を受けさせることにしているように、医療の面でも優遇はされていたと思われる[131]。いかにこの憲兵補助員に期待していたかを表している。

この憲兵補助員の採用事業を円滑に進めるために、「募集ニ関スル事務、其他、将来、憲兵補助員ニ関スル事務幇弁ノ為メ」、「憲兵隊ニ必要ノ韓国現役将校ヲ付属セシムルコト」にし[132]、本部及び各分隊に韓国の現役将校を配置した[133]。もちろん、この嘱託にかかる費用もすべて韓国政府に支弁させていたことはいうまでもない[134]。

六月二一日より、各分隊、分遣所の所在地において憲兵補助員の募集を始めたところ、一カ月で応募者は六二四四人が集まるという、憲兵側の予想を遥かに超える「意外ノ好結果」が出た。まず、この中から二三二〇人を採用し、募集が締め切られた九月二三日までに四〇六五人を順次に選別採用した[135]。これにより、憲兵隊の人員は一気に三倍近く増員され、憲兵一人に補助員二、三人を付ける形で全国に分散配置された。

この憲兵補助員採用に合わせるために、一九〇八年七月二五日の軍令陸乙第三号をもって駐韓憲兵隊も編成改正を行った。人員においては、隊長の明石少将以下、佐官五人、尉官四三人、准尉官一九人、下士官四九五人、上等兵一八〇〇人、その他三九人の合計二四〇二人であり、大きな変化はない。しかし、憲兵補助員増加に合わせて分遣所の数が急増し、六分隊、三九管区、四四一分遣所、一一派出所の体制となり、全国に分散配置された[136]。間島は一分隊、一〇分遣所、一派出所体制でほとんど変わっていない。

憲兵補助員の出身層については、憲兵側が「補助員ノ前歴ヲ調査分類」した結果、「巡査タリシ者アリ、学生タリシ者アリ、農業ニ従事シタル者アリ、商業ニ従事シタル者アリ、暴徒帰順者アリ、無職遊食者等アリテ、各方面ヨリ出テ居ルモ、就中《なかんづく》最モ多キハ解散兵ニテ、百分中ニ二十一強ヲ占ムルノ比率トナリ」としているように[137]、伊藤の予想どおり、韓国軍解散軍人や、義兵帰順者を含め、さまざまな階層から志願者が集まっていたのである。このように、憲兵補助員制度は、経済的負担が軽い上に、憲兵隊人員の大量増員という単純効果のほかにも、戦闘能力の高い解散軍人が義兵闘争に参加する状況を予防し、また義兵帰順者を登用することで、帰順を促し、義兵の情報も得られるという、日本側にとっては一石二鳥の政策であった。

この憲兵補助員の状況や働きぶりなどについては、明石が書いた一九〇八年末、『暴徒情勢付憲兵補助員』に詳しく記されている。[138]

補助員ノ多クハ其ノ分遣所所在地ヨリ採レリ。其ノ赴任及配置ノ経費ヲ節約スルト、彼等ガ地方ノ事情ニ精通スルト、其品行ハ自然郷党ニ依ツテ監視セラルルト、彼等ガ家族ト相見ルヲ得、安堵業ニ就キ、其責任ハ自然家族ニ因テ担保セラルル利アレバ也。憲兵補助員ハ解散兵、旧官吏、農民、行商、猟夫等種々ノ職業ノ者ヨリ成レリ。又、帰順者則チ暴徒出身ノ者モ往々之レアリ。憲兵補助員ハ厳重ナル軍紀ニ涵養シツツ勤務ニ服セシメ居レリ。彼等ハ憲兵ノ命令指示ニ克ク服従ス。憲兵補助員ノ成績ニ就テハ満足ナリ。殊ニ暴徒討伐ニ於テハ既ニ三、四箇月前ヨリ盛ンニ使用シアル所ニシテ、其奏功ノ状態ハ日々ノ討伐公報ニ実現スル所ナルヲ以テ、茲《ここ》ニ多言ヲ要セザル如シ。彼等ハ健脚ニシテ巧ニ山野ヲ跋渉シ。敵対中、特ニ我憲兵ノ命ニ信頼シ其命令ヲ仰望ス。数箇所ノ分遣所ニ就テ本職ノ実験ニ依レバ、暴徒出身ノ補助員概シテ優秀ノ成績ヲ占メリ。憲兵補助員ハ暴徒ノ討伐及捜索検挙ニ就テ其働キノ良好ナルハ幹部ノ一般ニ認ムル所ナリ。彼等ノ中ニハ日本語ニ通ズルモノ往々之アリ、其他、日韓両語ハ目下互ニ研究中ニ在リト。

憲兵補助員は自国を侵略している日本憲兵隊の手先として忠実に働き、義兵闘争に大きな打撃を与える「優秀ノ成績」を上げたのである。また憲兵補助員は、「憲兵ノ仲介者トシテ人民ト意志ノ疎通ヲ見、又、憲兵ニ依リテ軍紀ノ涵養ヲ被リ、勤務ノ教導ヲ受ケ、以テ著々治安警察ノ実績ヲ挙ケツツアル[139]」ものであった。これらは明石・伊藤が考えていたとおりのもので、上記の「土兵」利用構想の実現であった。一方、義兵闘争鎮圧時はもちろん、平時にも韓国民に対する憲兵補助員の弊害が絶えないということがあったが[140]、明石は次のように述べて問題にしなかった。

憲兵補助員に就ては昔より多少の非難有之《これあり》候。併し其原因は、第一は憲兵補助員が其郷党に於て役人視せられ、嫉妬を招き易き事。第二は憲兵補助員は多少自負する所なきに非らざりし事、但《ただし》此弊害は其後漸次矯正せり。第三は郡守や観察使の部下にあらざるを以て、彼等は是を以て快とせず、事毎《ごと》に之を誹謗するの癖ありし等に有之候。又、殊に嘗《かつ》て内部大臣が憲兵補助員の非行を摘発すべしと、罪悪的の訓令を発したるが如きは、誠に（此間文意続かざる如し）憲兵補助員が暴徒鎮定の為め有効なりしは、偉大なる次第に御座候。其状況は討伐報告に因て概ね御推知被下度《くだされたく》候〔後略〕[141]

憲兵補助員の資質には、「憲兵補助員ハ元来下賤ノ徒ナリ、不正行為多クシテ往々良民ヲ苦シム[142]」大きな問題があるのは確かであったが、義兵闘争鎮圧の成果の前では問題視されなかった。しかし、何らかの統制は必要と思ったのか、一九〇九年四月二〇日には、「補助員ノ統御誘導上、監督補助員ヲ置ク必要ヲ認メ」、いわゆる監督補助員を新しく設けたのであった。「補助員監督命課規定」によれば、「各分隊、分遣所毎ニ補助員中若干名ノ監督ヲ置クコトヲ得」、「監督ヲ命セラレタル補助員ハ、上官ノ指揮ニ依リ、韓人ニ対シ単独ニテ憲兵ノ幇助勤務ニ服シ、又、所属補助員ヲ監督スルモノトスル」とされた。この監督補助員は、三カ月以上勤務経歴のある既存の憲兵補助員の中から、試験によって選抜された。特に、上述したトラブルを避けるため、「志操確実、品行方正」な隊員であることが求められた。[143] これにより、憲兵補助員の種類は一般補助員と監督補助員の二つに分けられ、一般補助員は陸軍の一、二等兵に、監督補助員は憲兵の上等兵に準じて取り扱われた。監督補助員には、給料を一級昇給させると同時に、監督手当として月二円が支給されるなど、優遇された。[144]

このような憲兵補助員について、義兵将である延起羽が、韓国民に檄文として出した「諭示」では、次のように嘆いていた。

各郡ノ賊陣ニアル補助員ハ、大韓ノ同胞ヲ以テ倭酋《わしゅう》之強悪ニ佑勢シ、村閭《そんりょ》ノ居民ヲシテ義兵ニテ干渉スルコトヲ以テシ、威脅恐喝シテ金銭ヲ奪ヒ、罪ノ有無ハ論セスシテ、之ヲ打チ、之ヲ殴チ、為ニ不幸ナルモノハ死境ヲ免レ難シ、或ハ有終疾者ニ至ル、流涕《りゅうてい》ト謂《い》フ可キモノ此レ也。又タ賊兵ト交戦スルニ当リ、補助員ノ倭酋ニ加倍シ、相戦ヒ、相殺シ、相仇讐《きゅうしゅう》トナル、此レ骨肉相殺他ニアラス、平気折スルト謂フ可キモノ此レ也。[145]

この憲兵補助員制度は上述の義兵帰順奨励政策とともに、韓国人をもって韓国人を制するという同じ民族同士を利用した支配政策で、最も悪辣な手法であったが、支配する側にとっては非常に「効果的」かつ「一般的」なものでもあったといえよう。

2 憲兵隊側の拡張論理

以上のように、駐韓憲兵隊は、かなり伊藤の信頼を得ていたようである。それは義兵鎮圧において憲兵が本当に優秀であったからなのか、それとも他の理由があったのか、ここでは義兵闘争高揚以降、憲兵側が主張してきた拡張論理とはいかなるものであったのか、その主張と問題点について検討してみよう。

以前から駐韓憲兵側は、日本軍守備隊、韓国警察隊と比較し、義兵闘争鎮圧において、優秀な機関であると主張してきた。一九〇七年以降の義兵闘争の激化とゲリラ化によって、守備隊が「容易ニ効果ノ実現ヲ期シ得サル結果、最初ノ集中配置ヲ変更シ、成ルヘク小部隊ノ分散ニ改組シタルカ、而カモ軍隊ノ性質ハ教育上、永キニ亘リテ分散配置ヲ容ササルノミナラス、之ヲ分散スルニモ自ラ程度アリテ、時ニ所望ノ分駐ヲナスコト能ハサルノ恨事アリ」としている状態であったのに対し、憲兵隊は「蓋《けだし》憲兵ハ其ノ兵力ヲ細密ニ配置シ得ルニ於テ固有ノ長所ヲ有シ、以テ他ノ兵科ノ短所ヲ補フテ余リアルヲ以テナリ」というように、その配置においてメリットをもっていたと憲兵側は主張していた。[146] また、「特ニ暴徒ノ討伐ハ性質上警察業務ノ範疇《はんちゅう》ニ属シ、武力ヲ兼備セル警察機関、即我憲兵隊ノ其ノ任務ニ服スルヲ以テ尤モ適当トナスモノアリ」とし、憲兵隊は、守備隊に対してはもちろん、警察隊に対しても優れているとし、「於是乎《これにおいてか》我憲兵隊ノ活動ヲ要スル甚タ切ナリ」と主張していた。(147) これは、韓国警察が「軍隊ノ存在セサル地ニアリテハ、若干ノ警察官アリト雖トモ、一旦暴徒ノ襲来ニ遭ヘハ忽チ四散シテ殆ント抵抗ノ余力ナク、一意軍隊ノ来援ヲ待ツノミナルヲ以テ毫モ頼ムニ足ラス」と、対処できない状況であったことを指している。(148) 守備隊に対しては、細密配置と警察機関としての特徴で、警察隊に対しては、軍事機関としての武力で、憲兵隊が優位にあったとする、いわゆる「憲兵優位論」である。この優秀な義兵鎮圧能力によって好成績を収めながら憲兵隊は拡張してきたというものである。

序章で述べたように、松田俊彦氏の研究でも、細密配置、小集団行動が可能な憲兵隊が、守備隊より一九〇七年後期以降ゲリラ化した義兵鎮圧に向いているため、一九〇八年一〇月以降、義兵との衝突回数及び人数という鎮圧成績において守備隊を抜いて「優秀な成果」を挙げ、治安維持の中心機関になったと、「憲兵優位論」を述べている。(149) しかし、それには留意しておくべき点が三つ存在する。①従来研究の論拠として使われている『朝鮮暴徒討伐誌』付表統計の信憑性に問題があること、②憲兵隊の義兵討伐成績に対する過度な執着、③統監府の義兵闘争鎮圧方針の本質である。

まず『朝鮮暴徒討伐誌』付表の問題点について見てみよう。周知のとおり、『朝鮮暴徒討伐誌』は最も代表的な日本側の義兵鎮圧関係資料であり、その付表も現在まで疑われることなく広く利用されてきた。憲兵隊優位論も、その付表の数字を根拠としている部分が大きい。しかし、付表の数字を細かく検討してみると、

【表4】機関別衝突回数及び人数表（1907年8月～1910年12月）

期間＼機関別	『朝鮮暴徒討伐誌』付表[1]				韓国駐箚憲兵隊編「賊徒ノ近況」付表[2]	
	守備隊		憲兵隊		憲兵隊	
	回数	人数	回数	人数	回数	人数
1907年8～12月	307	41,871	10	1,145	17	1,818
1908年1～3月	318	20,652	5	208	78	4,729
4～6月	358	21,598	82	4,211	211	12,885
7～9月	257	7,700	98	2,638	192	4,071
10～12月	83	3,468	190	7,117	241	13,084
1909年1～3月	68	2,611	166	5,778	176	9,127
4～6月	87	3,207	243	6,519	198	7,228
7～8月	51	1,593	94	2,303	91	2,587
9～10月（「南韓大討伐」時期）	34	418	72	1,318	75	1,153

出典：1）朝鮮駐箚軍司令部編『朝鮮暴徒討伐誌』（朝鮮総督官房総務局、1913年）の付表より作成。
金正明編『朝鮮独立運動Ⅰ――民族主義運動編』（原書房、1976年）に収録されている『朝鮮暴徒討伐誌』の付表は、統計の数字に誤植が数カ所見られるため、本書では朝鮮総督官房総務局印刷の原本の付表を使用した。
2）「賊徒討伐成果表」（韓国駐箚憲兵隊編「賊徒ノ近況」付表第3号、千代田史料623、防衛研究所付属図書館所蔵）より作成。

なぜか同時期の最大義兵鎮圧作戦であった「南韓暴徒大討伐作戦」の鎮圧成果が欠落している。この作戦については次章で詳しく述べるが、この「南韓暴徒大討伐作戦」は、臨時韓国派遣隊、すなわち守備隊主導で行われた大規模の義兵鎮圧作戦であったが、その成果が付表では反映されていないため、その期間中の守備隊の義兵鎮圧衝突回数及び人数は、それぞれ守備隊が三四回、四一八人なのに対し、憲兵隊が七二回、一三一八人になっていて、守備隊が憲兵隊を下回る数字になっている。

その数字を他の記録と比べて検討してみるとその差は明らかである。千代田史料の「南韓暴徒大討伐概要」[150]及び「南韓暴徒大討伐実施報告」[151]、そして全羅南道観察使申応熙が内部大臣朴斉純あてに送った「暴徒大討伐成績」報告[152]に記されている義兵鎮圧成果記録を、『朝鮮暴徒討伐誌』の付表の記録と比較してみると次のとおりである。

（**表5**）を見ると、全羅道一地域内の成果が、憲兵隊の義兵殺戮数を除いて、全国のそれを上回るという異常な数字が出ている。つまり『朝鮮暴徒討伐誌』の付表には、何らかの理由で守備隊の義兵鎮圧成果である、憲兵隊のそれを上回る「南韓暴徒大討伐戦」の数字が抜けているということである。その理由として考えられるのが憲兵隊の討伐成績への過度な執着である。一九〇七年一〇月、明石が駐韓憲兵隊[153]の隊長に就任してから、明石の下で機構の拡張を目指してきた憲兵隊は[154]、韓国における「治安維持」機構の中心となるため、他機関より義兵鎮圧が優れていることを証明しなければならなかったと考えられる。「南韓暴徒大討伐実施報告」に、

> 守備隊駐屯地以外ニ於ケル賊情及地形ヲ審《つまびらか》ニスルハ、其地憲兵警察ニ依ルヲ最有利トス。故ニ討伐行動開始前、予メ之カ協議ヲ遂ケ、討伐中ノ其地憲兵警察ヨリ若干名ヲ派遣シタリ。之ニ因リ大体ニ於テ行動上便宜ヲ得タルコト尠《すくな》カラス。然レトモ聞ニ憲兵下級者ニ在テハ、討伐ノ目的何《いず》レニアルカヲ了知セス、唯タ自己ノ功績ヲ得ルコトノミニ汲々トシ、軍隊ノ討伐ヲ歓迎セサルモノアルヤニテ、共同ハ勿論、往々軍隊ノ悪感ヲ来シタルモノアリシハ頗《すこぶ》ル遺憾ノコトトス。[155]

と記されているように、憲兵隊は守備隊をライバル視し、功績を上げることに腐心していたことが明らかで

【表 5】「南韓暴徒大討伐作戦」期間中における資料別義兵鎮圧成果比較

	守備隊		憲兵隊		警察隊	
	殺戮	捕虜	殺戮	捕虜	殺戮	捕虜
『朝鮮暴徒討伐誌』付表(1909年9～10月の全国)[1]	62	33	123	22	0	0
その他の資料(8月25日～10月21日の全羅道内)[2]	380	1,100	47	405	1	325

出典：1)『朝鮮暴徒討伐誌』の付表より作成。
2)「南韓暴徒大討伐実施報告」及び「暴徒大討伐成績」より作成。

ある。また、上記の（**表4**）に掲げた、駐箚憲兵隊が作成した「賊徒討伐成果表」を見ると、憲兵隊の義兵との衝突回数と人数が、『朝鮮暴徒討伐誌』の付表のそれよりも過大に記されているのがわかる。前述したように、『朝鮮暴徒討伐誌』付表の数値には、「南韓暴徒大討伐」における守備隊の成果が、故意か偶然かはわからないが、抜けており、憲兵隊側の主張に「有利」な形になっているが、憲兵隊側の記録である「賊徒討伐成果表」では、より誇張された数値となっていたのである。つまり、さらなる組織の拡張を目指していた駐韓憲兵隊側は、義兵鎮圧において守備隊や警察隊などの他機関より「優秀」であることを、統監や軍首脳にアピールし、韓国治安維持機関の中核としての地位を確立しようとしたと考えられるのである。このように憲兵隊の姿勢については、一九一〇年七月一二日、第二師団長の「警務機関統一ニ関スル訓示」の中で、「従来ノ経験ニ依レハ守備隊ト憲兵トノ間、或ハ意志ノ疎通ヲ欠キ、相提携スヘキ機関ニシテ、互ニ相敵視スルカ如キ奇観ヲ呈セシモノアリシヲ聞キシカ、今ヤ此ノ悪風ノ暫次消滅シツツアルハ本職ノ大ニ意ヲ強フスル所ナリ(156)」と振り返っていることからも明らかである。従来は成果を挙げるために、敵視していた守備隊との間が、前月に憲警統一という憲兵隊拡張の目的を果たした以後は、競い合って実績をアピールする必要性がなくなったため、徐々に関係が回復しているということである。

さらに、「暴徒討伐方針」の変化について見てみよう。『福岡日日新聞』は、韓国における「暴徒討伐方針」が変わる度にその様子を報道しているので、それに依拠して検討する。そこに載っている「暴徒討伐方針」記事を追ってみると、一九〇八年五月から韓国併合までほとんど一貫して守備隊が義兵鎮圧の中心機関として位置づけられていたことがわかる。前述したように、一九〇七年一二月から、韓国民虐殺問題のため、守備隊を止め憲兵隊を治安維持機構の中心とするという伊藤統監の方針によって、一九〇八年五月までは憲兵隊を重視する「暴徒討伐方針」であった。(157) しかし五月以降、副統監曾禰荒助が「此際討伐の方針を一変し、守備兵を増加し、できる丈《だけ》各地に配備駐在せしめて全滅を期せんとす、近日中第十二師団より増遣の筈なり」(158) と述べていた。また『福岡日日新聞』にはこう書かれている。

暴徒討伐の方針は、出来得る限り軍隊を小別して一三道の各処に配置し、目下、増員配置済となりし約二百ヶ処の憲兵隊と相待ちて偵察討伐をなし、猶、空間の要処に警官を置きて警戒を密にし、討伐行動は場合を許す限り軍隊、憲兵、警官の順序を以てその衝突を当らしむるにあり。平定の目的を達するも軍隊を引上げず、他に軍事教育に必要なる程度に於て各要処に集団せしめ、憲兵、警官の増員を待ちて空処を塡充すると云ふにあり。(159)

基本的に義兵闘争の激化の度合いに応じて守備隊、憲兵隊、警察の順に配置するとしている。まさに、前述した、台湾における「三段警備」方式である。そして五月一五日から、義兵鎮圧に関する、守備隊、憲兵隊、警官隊への指揮命令権は、駐箚軍司令官が統括することになった。(160)

小括

日本の軍用電信線保護を目的として韓国へ派遣された駐韓憲兵隊が、本格的に韓国における治安維持機関として拡張するようになったきっかけは日露戦争であった。韓国を占領地とみなし、日本軍によって一方的に施行された軍律・軍政、そして「軍事警察」がその要因となった。駐韓憲兵隊は軍律・軍政の主要な担い手として、そして「軍事警察」と称された高等警察の執行者として、その権限を拡大させた。長谷川好道韓国駐箚軍司令官に代表される軍内部には韓国の警察機関を駐韓憲兵隊に一任しようとする傾向が強かった。しかし、終戦によって軍政は廃止、統監府の設置と、統監の韓国警察拡充方針により、軍律施行も停止し、駐韓憲兵隊は一時的にその機構を縮小される。その中でも高等警察の任務は維持することができたのである。

一九〇七年以降の義兵闘争の高揚によって、駐韓憲兵隊はその復権・拡張のきっかけをつかむ。一九〇七年以降の駐韓憲兵隊の機構拡張は、駐箚軍守備隊の韓国民虐殺問題と、統監の憲兵指揮・監督権問題による側面が大きかったと思われる。従来の研究でいわれているような、ゲリラ化した義兵に対する憲兵の優秀な鎮圧能力にその拡張要因を求めるには、その根拠資料である『朝鮮暴徒討伐誌』付表統計の問題上、疑問が残る。憲兵隊拡張は、義兵鎮圧において守備隊の過酷な弾圧に対する外国からの批判に応えるためでもあったが、伊藤が憲兵隊に求めたのは、韓国における警察機構拡充を駐韓憲兵隊によって行おうとする側面が強かったと思われる。義兵鎮圧という戦闘行為では武力で勝る守備隊の能力には勝てるはずもなく、実際、義兵鎮圧の中心は守備隊であった。憲兵側が鎮圧成果に過度にこだわっていたのは明らかであるが、それはその成果をもって韓国の治安維持機関の中心になるためであり、その目的は義兵鎮圧ではない、違うものであったと考えられる。

註

（1）この義兵闘争高揚と韓国駐箚憲兵隊台頭の関係について代表的な研究としては、前掲「朝鮮植民地化の過程における警察機構（一九〇四～一九一〇年）」が挙げられる。なお、本章では韓国における日本軍の活動を把握するための資料として『福岡日日新聞』に注目した。『福岡日日新聞』は、福岡県を中心とする地方新聞であったが、地理的に韓国と近いことや、何より一九〇七年七月二四日から臨時韓国派遣隊として韓国へ送られ、義兵鎮圧にあたっていた歩兵第一二旅団（福岡）所属の歩兵第一四・四七連隊の本拠地が小倉であったことから、この新聞には韓国関連記事や、日本軍守備隊と義兵との戦闘報告、逸話などが詳しく掲載されているという特徴がある。『福岡日日新聞』はもともと日清戦争、日露戦争における詳しい戦況報道を通じて発展してきた沿革をもつため、他新聞より、義兵鎮圧の戦況報道に力を入れていたものと考えられる（西日本新聞社『西日本新聞社史

──創刊七十五年記念』西日本新聞社、一九五一年、七五頁、一一九頁)。

(2)「韓国駐箚憲兵隊人馬配置表」(「明治卅六年十二月十日　韓国駐箚隊司令部旬報」(前掲『密大日記』M四〇─二─九))。

(3)同上。「人馬配置表」、「区隊部所在及区隊長、軍医」(前掲「明治三十六年ノ憲兵隊」)。

(4)前掲『朝鮮駐箚軍歴史』、四九頁。「明治三十六年ノ憲兵隊」(前掲『朝鮮憲兵隊歴史』一/一一)。

(5)同上、二一一頁。

(6)前掲「第十章　明治三十六年ノ憲兵隊」。

(7)「四、韓語通訳ノ配属」(前掲「明治卅六年十二月十日　韓国駐箚司令部旬報」)。

(8)「臨時憲兵隊」の時期においても「通弁」といって韓国人通訳を雇っていたことはあった。

(9)前掲『朝鮮駐箚軍歴史』、四九〜五〇頁。「明治三十七同三十八年韓国駐箚憲兵隊時代」(前掲『朝鮮憲兵隊歴史』一/一一)。

(10)前掲「明治三十七同三十八年韓国駐箚憲兵隊時代」、一九〇四年一月〜三月条。以後、日露戦争の進展とともに、必要に応じて新設・廃止を繰り返していく。

(11)同上、一九〇四年四月一四日条、一九〇四年四月三〇日条。

(12)同上、一九〇四年四月一七日条。

(13)「野戦憲兵準備ノ件」(大本営『日露戦役』M三七─一一─四五(防衛省防衛研究所所蔵))。

(14)亜細亜問題研究所旧韓国外交文書編纂委員会編『旧韓国外交文書』六、七八〇五号、七〇一頁。

(15)前掲『明治三十七八年戦役統計』(『日露戦争統計集』六)の「第八編　通信」、二頁。また付表「電信電話線建築工程」をみても、大量の人夫、作業人員が動員された新設工事は数回に過ぎなかったことがわかる。

(16)「天安及馬山ヨリ木浦ヘ軍用電線架設ノ件」(陸軍省『陸満密大日記』M三七─七(防衛省防衛研究所所蔵))。

(17)参謀本部編『明治三十七八年日露戦争史』一〇、東京偕行社、一九一四年、八二〇〜八二一頁。

(18) 光武八年七月一二日 照会第三二号（『議政府来去文』〈奎一七七九三〉）。
(19) 一九〇四年七月二日、韓駐参第二五九号（前掲『朝鮮駐箚軍歴史』、一七六〜一七八頁）。前掲、照会第三二号。
(20) 一九〇四年七月九日、韓駐参第二五九号（同上『朝鮮駐箚軍歴史』、一七九頁）。
(21) 同上、一七九頁。
(22) 韓駐参第一五三号（同上、一八三頁）。韓駐参第一六二号、落合豊三郎韓国駐箚軍参謀長が長岡外史大本営参謀次長に送った報告（「明治三八年一月〜一二月謀臨書類綴　大本営陸軍参謀」〈大本営『日露戦役』M三八—四—一一七〈防衛省防衛研究所所蔵〉〉）。
(23) 同上「明治三八年一月〜一二月謀臨書類綴　大本営陸軍参謀」。
(24) 同上、二三〇〜二三一頁。
(25) 一九〇四年一〇月九日、韓駐参第二六八号（前掲『朝鮮駐箚軍歴史』、二二九頁）。
(26) 同上、二三三〜二三四頁。
(27) 同上、二三四〜二三五頁。
(28) 同上、二三二〜二四二頁。
(29) 「明治三十七年同三十八年韓国駐箚憲兵隊時代」、一九〇四年三月一四日条、同一〇月一〇日条（前掲『朝鮮憲兵隊歴史』一／一一）。
(30) 前掲『朝鮮駐箚軍歴史』、二二七〜二三〇頁。
(31) 一九〇四年七月二〇日、原口兼済韓国駐箚軍司令官より高山逸明駐箚軍憲兵隊長に下された訓令（同上、二二二〜二二三頁）。
(32) 同上、二二一〜二二二頁。
(33) 同上、二二二頁。保安会については、尹炳奭「日本人의 荒蕪地開拓権要求에 対하여」（『歴史学報』二四、一九六四年）参照。

(34) 一九〇四年一月三日、韓駐参第四号（同上、二一六頁）。
(35) 同上、二一七頁。
(36) 同上、二一八〜二一九頁。
(37) 韓駐参第二四号（前掲「明治三八年一月〜一二月謀臨書類綴　大本営陸軍参謀」）。
(38) 前掲「明治三十七同三十八年韓国駐箚憲兵隊時代」、一九〇五年三月一八日〜二二日条。
(39) 前掲の『日本憲兵正史』の付表（一三八〇頁）によると、一九〇五年の憲兵人員数は三一八人となっている。
(40) 前掲『朝鮮駐箚軍歴史』、二一九〜二二〇頁。
(41) 同上『朝鮮駐箚軍歴史』、五〇頁。
(42) 韓駐参第三一三号、「韓国ニ於ケル軍事司法関係ノ件」（陸軍省『陸満密大日記』M三八―五（防衛省防衛研究所所蔵））。
(43) 韓駐日命第二七号、同上。
(44) 韓駐参第四五〇号、同上。
(45) 前掲「明治三十七年同三十八年韓国駐箚憲兵隊時代」、一九〇五年七月一五日条。
(46) 韓駐参第四二二号、（前掲「韓国ニ於ケル軍事司法関係ノ件」）。なお、軍律が施行された一九〇四年七月から一九〇六年一〇月までの期間中、軍律により処罰された人数は、死刑三五人、監禁・拘留刑四六人、追放刑二人、笞刑一〇〇人、罰金刑七四人、合計二五七人であった（前掲『朝鮮駐箚軍歴史』、二一〇頁）。
(47) 谷寿夫『機密日露戦史』（原書房、一九六六年（復刻版））、五九四頁。
(48) 長谷川発寺内正毅あて書簡、一九〇五年一二月三〇日、（前掲『寺内正毅文書』三八―一四）。
(49) 韓参命第三四号、前掲『朝鮮駐箚軍歴史』、一九六〜一九八頁。
(50) 「韓国ニ駐箚スル憲兵ノ行政警察及司法警察ニ関スル件」（『官報』一九〇六年二月九日）。
(51) 「命令」、一九〇六年八月一三日、韓参命第三九号（前掲『朝鮮駐箚軍歴史』、二二四頁）。なお、この「軍事警察」は一九〇七年一一月八日に廃止される（韓参命第五六号（同上、二二六頁））。
(52) 勅令第二七八号、同時に台湾には第一三憲兵隊、南満洲には第一五憲兵隊が設置された（前掲「明治三十九年第十四憲兵隊時代」）。
(53) 「第十四憲兵隊配置概表（明治三十九年十一月十三日改正）」（「第二節　第十四憲兵隊ノ編成、配置」（前掲『朝鮮憲兵隊歴史』一／一二））。
(54) 「第十四憲兵隊管区及配置表」（同上）。
(55) 「第十四憲兵隊配置人員表（明治三十九年十二月現在）」（同上）。
(56) 「韓国駐在憲兵服務規程」（同上）。
(57) 「第一章　第十四憲兵隊概説」（前掲『朝鮮憲兵隊歴史』一／一二）。
(58) 『日本外交文書』三七―一、三四四〜三四五頁。
(59) 「我憲兵ニヨル所謂義兵ノ討平ニ関シ韓国政府ヘ通告ノ件」（『日本外交文書』三八―一、九四九〜九五〇頁）。
(60) 前掲「明治三十七年同三十八年韓国駐箚憲兵隊時代」、一〇月二四日条。
(61) 韓駐参第四五〇号、（前掲『陸満密大日記』M三八―五）。
(62) 「韓帝譲位ニ依ル韓国軍隊ノ動揺及我軍ノ措置ノ件」（伊藤統監発、外務次官珍田捨巳あて、一九〇七年七月一九日、『日本外交文書』四〇―一、四六七〜四六八頁）。
(63) 「本官（統監）ハ韓帝ノ御委任ニ依リ、京城ノ秩序ヲ維持スル為、相当ノ処置ヲ執ルヘキ旨、正式ニ長谷川司令官ニ命令セリ」（伊藤統監発、珍田外務次官あて、一九〇七年七月一九日、国史編纂委員会編『統監府文書』五、一九九九年、一九頁）。
(64) 小松緑編『伊藤公全集』第一巻、昭和出版社、一九二八年、二七二〜二七三頁には韓国詔書のモデル案もあり、韓兵解隊詔勅草案も載っている。
(65) 「陸軍将校招待席上伊藤統監演説要領筆記」一九〇八年六月二一日（『倉富勇三郎文書』三〇―一（国会図書館

憲政資料室所蔵〕)。

(66) 同上「陸軍将校招待席上伊藤統監演説要領筆記」。

(67) 前掲『朝鮮駐箚軍歴史』一〇五～一〇七頁。

(68) 伊藤は義兵闘争が長期化し、義兵が諸外国に交戦団体として認められるのを最も恐れていたと思われる。「目下ノ状況ハ啻ニ戦争ナラサルノミナラス、内乱ト称スルニモ當ラス」「内乱ナリト認ムレハ與国ハ暴徒ヲ交戦団体トシテ中立ヲ布告スルコトヲ得ルカ故ニ、其ノ影響スル所実ニ重大ナルヲ慮レリナリ。然ルニ韓国ノ暴徒ハ決シテ内乱ニアラス。纔ニ地方ノ騒擾ニスキス」(前掲「陸軍将校招待席上伊藤統監演説要領筆記」)。

(69) 松井茂『松井茂自伝』(松井茂先生自伝刊行会、一九五二年)の二四四頁ではこの書面の日付が一一月一六日となっているが六日の誤りであろう。

(70) 「法令研究壇」(『軍事警察雑誌』一九、一九〇九年五月)、七二頁。

(71) 一八五二年一二月二七日生。一八八五年六月泗川郡守、一八九五年五月承政院右承旨、一九〇六年八月忠清北道裁判所判事などを経て、一九〇七年九月従二品嘉善大夫中枢院賛議(国史編纂委員会編『大韓帝国官員履歴書』第八冊、一九七二年、二二五頁)。

(72) 「奇怪なる建議案」(『福岡日日新聞』一九〇八年三月二九日)。

(73) 日露戦争開戦前後から韓国併合に至るまでの日本の韓国侵略過程、特に日本軍の抗日義兵闘争弾圧過程については、海野福寿『韓国併合史の研究』(岩波書店、二〇〇〇年)が詳しい。

(74) 前掲『官報』、前掲『朝鮮暴徒討伐誌』付表二、韓国駐箚軍参謀部「韓国暴徒事件彼我損害一覧表」一九〇七年七月～一九〇八年六月(前掲『密大日記』M四一―六)。

(75) *THE SEOUL PRESS* (Seoul) など。

(76) 朴成寿「一九〇七～一九一〇年間의 義兵戦争에 대하여」(『韓国史研究』一、一九六八年)など。

(77) 同上、朴論文。

(78) F・A・マッケンジー著、渡部学訳『朝鮮の悲劇』平凡社、一九七二年、二〇七頁。
(79) 前掲『朝鮮暴徒討伐誌』。
(80) 前掲『朝鮮暴徒討伐誌』の付表。
(81) 「明治四十年十二月十九日参謀長の通牒」(韓国駐箚軍司令部編『韓国暴徒の景況』一九〇八年一月〈前掲『千代田史料』六二三〉)。
(82) 前掲『韓国併合史の研究』、三三三頁。
(83) 「明治四十年九月軍司令官ノ告示」(前掲、『千代田史料』六二三)。
(84) 前掲『朝鮮暴徒討伐誌』、一三頁。
(85) 「討伐隊逸話(二)高橋侍従武官に呈出したる近藤隊の火賊討伐」(『福岡日日新聞』一九〇八年三月一三日)。
(86) 「第十四連隊通報」(『福岡日日新聞』一九〇八年四月一二日)。
(87) 『大韓毎日新聞』一九一〇年一〇月一〇日。
(88) *THE EASTERN WORLD*(前掲 *THE SEOUL PRESS* の姉妹紙、F. Schroeder 編集者兼社主、Yokohama)。
(89) 「SLAUGHTER OF 12,000 KOREANS BY JAPANESE TROOPS IN 14 MONTHS」(*THE EASTERN WORLD*、一九〇八年八月二九日)。
(90) 「討伐報告秘密――軍司令官は本日より暴徒討伐の報告を発表せず蓋排日派に利用せられざらんが為めなり」(『福岡日日新聞』、一九〇八年五月三〇日)。
(91) 「韓国内各地ニ於ケル戦闘詳報」第一号〜第二五号(一九〇七年八月から一九〇八年五月分の戦闘記録)、前掲『密大日記』M四〇―五〜M四一―五)。
(92) 一九〇七年一一月二九日(前掲『統監府文書』四、三六〜三七頁)。
(93) 一九〇七年一一月二九日(前掲『統監府文書』四、三七頁)。

(94) 前掲「明治四十年十二月十九日参謀長の通牒」。
(95) 「南韓大討伐実施計画」討伐方法の概要　七（前掲『統監府文書』、四〇四頁）
(96) 山本四郎「韓国統監府設置と統帥権問題」（『日本歴史』三三六号、一九七六年）、宮田節子編・解説『朝鮮軍概要史』不二出版、一九八九、解説の三頁。軍から反対されると「それなら我輩は統監にならぬ」とまで言い出したといわれる（平塚篤編『伊藤博文秘録』春秋社、一九二九年、三一五頁）。
(97) 同上、山本論文。
(98) 勅令二六七号（『官報』一九〇五年一二月二一日）。
(99) 『朝鮮駐箚軍歴史』（金正明編『日韓外交資料集成　別冊一』、巌南堂書店、一九六七年）、九六〜九七頁。
(100) 勅令第二〇五号（『官報』一九〇六年八月一日）。
(101) 「一部軍人の言動」（『万朝報』、一九〇六年二月四日）。
(102) 前掲、一九〇五年一二月三〇日の長谷川発寺内正毅陸軍大臣あて書簡。
(103) 長谷川発寺内あて書簡、一九〇七年一〇月（前掲『寺内正毅文書』三八―二九）。
(104) 長谷川発寺内あて書簡、一九〇六年一月二五日（『寺内正毅文書』三八―一六）、一九〇六年八月五日（『寺内正毅文書』三八―一八）。
(105) 前掲、松田論文。
(106) 韓国警察の実態というと「軍隊ノ存在セサル地ニアリテハ若干ノ警察官アリト雖トモ、一旦暴徒ノ襲来ニ遭ヘハ忽チ四散シテ殆ント抵抗ノ余力ナク、一意軍隊ノ来援ヲ待ツノミナルヲ以テ毫モ頼ムニ足ラス」であった。（「韓国内暴徒討伐対ノ交通連絡及軍需品輸送ノ状況並将来ニ関スル意見」（前掲『密大日記』M四〇―五）。
(107) 『福岡日日新聞』一九〇七年一〇月六日。
(108) 『官報』一九〇六年二月九日。
(109) 前掲『朝鮮憲兵隊歴史』一／一一。

(110) 『官報』一九〇七年一〇月八日。
(111) 小森徳治著『明石元二郎』上巻（原書房、一九六八年（復刻版））、四〇八頁、前掲『日本憲兵正史』、一三四〇～一三七八頁。
(112) 「韓国駐劄憲兵隊配置人員表（明治四十年十月二十九日改正）」（「第二節　我憲兵隊ノ大拡張、其ノ権限」（前掲『朝鮮憲兵隊歴史』）二／一一）。
(113) 「韓国駐劄軍憲兵隊編成表（明治四十一年一月二八日改正）」（「第三節　憲兵採用新制　編成改正配置変更」（同上））。
(114) 「韓国擾乱鎮撫に関し韓国政府をして発せしめたる訓令案」（小松緑編『伊藤公全集』第二巻、昭和出版社、一九二八年）、二七四頁。
(115) 金龍徳「憲兵警察制度의 成立」（『金載元博士回甲論叢』金載元博士回甲記念論叢編輯委員会、一九六九年）、三九五頁。
(116) 「台湾島視察意見」（村田保定著『明石大将越南日記』日光書院、一九四四年）、一六二頁。
(117) 同上、一六二頁。
(118) 前掲の松田論文によれば、韓国人を「治安維持」機構の末端に取り込もうとする試みは一九〇七年後半から韓国駐劄軍や韓国警察など、各方面からなされていたという。しかし本格的な計画推進は明石が最初であった。
(119) 明石発寺内陸相あて書簡、一九〇八年五月三日（前掲『寺内正毅文書』六―一三）。
(120) 「韓国施政改善に関する協議会第四十一回」（金正明編『日韓外交資料集成』六・中、一九六四年八八七～八九八頁）。
(121) 同上。
(122) 同上。
(123) 同上。

(124) 前掲『朝鮮憲兵隊歴史』二／一一、韓国『官報』一九〇八年六月一三日。
(125) 一九〇八年六月二九日、韓憲常乙第一一五九号、「憲兵補助員所要ノ弾薬補塡之件」(前掲『弐大日記』M四一—二三—五〇)。
(126) 前掲、慎蒼宇論文、一六八頁参照。
(127) 前掲『朝鮮憲兵隊歴史』二／一一。
(128) 『隆熙二年警察事務概要』(警察月報第五号付録)、七七頁。
(129) 韓国内部警務局編『隆熙三年警察事務概要』一九〇九年、七四頁。
(130) 前掲『明石元二郎』上巻、四二三頁。
(131) 一九〇八年八月一日、韓憲常乙第一三七一号(「憲兵補助員入院治療及薬餌糧食支弁方ノ件」(前掲『弐大日記』M四一—二一—四八))。
(132) 一九〇八年六月一九日、韓憲常乙第九八二号、明石元二郎発林忠夫憲兵司令官あて報告(「韓国現役将校ヲ韓国駐箚憲兵隊ニ於テ服務セシムル件」(前掲『弐大日記』M四一—八—三五))。
(133) 「我軍隊付韓国将校ノ取扱方ニ関スル件」(前掲『弐大日記』M四二—一〇—三三)。
(134) 前掲「韓国現役将校ヲ韓国駐箚憲兵隊ニ於テ服務セシムル件」。
(135) 「第十節　編成改正＝配置再拡張」(前掲「自明治三十九年至同四十一年　韓国駐箚憲兵隊時代」)。
(136) 「韓国駐箚憲兵隊配置表(明治四十一年七月十八日改正)」(「第十節　編成改正＝配置再拡張」(前掲『朝鮮憲兵隊歴史』二／一一))。
(137) 同上。
(138) 前掲『明石元二郎』上巻、四二四〜四二五頁に所収。
(139) 韓国駐箚憲兵隊「憲兵補助員設置ノ由来及其ノ成績概況書」(『明治三十六〜四十年　韓国駐箚軍書類』(『千代田史料』六二一〈防衛研究所図書館所蔵〉))。この文書は前掲の『明石元二郎』上巻の記述によれば、一九〇九年中に当時の憲兵隊長榊原昇造が侍従武官に提出したものだという。

(140) 前掲の金龍徳論文、三九七頁参照。

(141) 一九〇九年一月一九日付の寺内あて書簡、前掲『明石元二郎』上巻、四四〇～四四二頁。

(142) 前掲「憲兵補助員設置ノ由来及其ノ成績概況書」。

(143) 「配置改正　補助員監督命課規定制定」（「第二節　韓国駐箚憲兵隊時代」（前掲『朝鮮憲兵隊歴史』三／一一））。

(144) 同上、前掲『明石元二郎』上巻、四二三頁。

(145) 二月四日「義兵 私称 倭賊에 付同하는 補助員의 義兵과의 骨肉相争등 不義에 警告한 諭示文」（前掲『統監府文書』九、一四四～一四五頁）。

(146) 「第十七節　憲兵隊活動ノ時機到来」（前掲『朝鮮憲兵隊歴史』一／一一）。

(147) 同上。なお、憲兵隊は、三〇年式騎銃及び銃剣と、二六年式拳銃、そして三二年式軍刀などで武装していた（「韓国駐箚憲兵隊保管兵器表」（前掲『密大日記』M四一―五）、「暴徒討伐用トシテ各部隊支給兵器員数表」一九〇八年一月（前掲、『明治三七・一一～四二年　秘報告』千代田史料））。

(148) 前掲『密大日記』M四〇―五「韓国内暴徒討伐対ノ交通連絡及軍需品輸送ノ状況並将来ニ関スル意見」、一六八二頁。

(149) 前掲、松田論文。

(150) 前掲『千代田史料』六二三。

(151) 前掲『統監府文書』九、三八九～四二三頁、またこれとほぼ同じ内容のものが、前掲『朝鮮独立運動Ⅰ』七九～一〇五頁に収録されている。

(152) 前掲『朝鮮独立運動』一、七四～七七頁。

(153) 当時の名称は第一四憲兵隊であった。

(154) 前掲『朝鮮憲兵隊歴史』一／一一。

(155) 前掲『統監府文書』九、四〇八頁

(156) 吉田源治郎「日韓併合始末」一九一一年（海野福寿編・解説『韓国併合始末関係資料』不二出版、一九九八年に所収）、一二頁。

(157) 「暴徒討伐方針」（『福岡日日新聞』一九〇七年一二月一七日）。

(158) 「曾禰副統監の談話」（『福岡日日新聞』一九〇八年五月九日）。

(159) 「討伐隊の配置」（『福岡日日新聞』一九〇八年五月九日）。

(160) 「討伐司令権」（『福岡日日新聞』一九〇八年五月一六日）。

第3章

「南韓暴徒大討伐作戦」における駐韓日本軍憲兵隊

一九〇九年九月から一〇月までの二カ月間、韓国南部の全羅道において日本軍による最大規模の義兵鎮圧作戦が行われた。いわゆる「南韓暴徒大討伐作戦」である。駐箚軍守備隊、憲兵隊、警察を動員し、海軍の協力も得て陸海上で行われたこの大作戦により、当地域の義兵運動は壊滅的な打撃を受け、一九〇七年八月の韓国軍隊解散を契機に高揚した義兵闘争は事実上終焉を迎えることとなった。その後、義兵闘争はその根拠地を満州や沿海州などの国外に移さざるをえなくなったことはよく知られている。この「大討伐」によって多くの韓国人が日本軍によって殺害されたことで、現在でも韓国における日本の無慈悲な軍事弾圧の代名詞として語られている。

一方、一九〇八年以降、守備隊の義兵及び住民に対する虐殺行為が問題となり、内外の非難を招いたことから、統監伊藤博文は方針転換を迫られ、虐殺、つまり武力弾圧一辺倒から、義兵の帰順を奨励するといった精神的弾圧を並行することになった。実際、日本軍の強引な武力弾圧が韓国併合まで続いていたことは否定できないが、このような懐柔策が同時期の「南韓暴徒大討伐作戦」にどのように影響していたかは軽視できないと思われる。この章では、この「南韓暴徒大討伐作戦」を前後した時期において駐韓日本軍憲兵隊はどのような役割を担っていたのかについて検討する。[1]

第1節　日本軍の義兵鎮圧方針の変化──「南韓暴徒大討伐作戦」の背景

1　伊藤統監の懐柔策と駐韓憲兵隊

まず、ここでは「南韓暴徒大討伐作戦」が行われる前段階において、日本軍の義兵鎮圧の方針はどのように変わったのかについて見てみよう。

前述したように、一九〇七年八月の韓国軍隊解散を契機に全国的に高揚する義兵闘争に対処するため、日本軍守備隊は虐殺という徹底的な武力弾圧を行うが、一九〇八年以降、この守備隊による義兵や住民に対する虐殺が国際問題化することにより、統監伊藤博文は義兵闘争の鎮圧を武力弾圧だけに頼ることが困難になる。その代案として駐韓日本軍憲兵隊の拡張が行われたが、それと同時に、韓国皇帝の地方巡幸や義兵の帰順を奨励するといった精神的弾圧、すなわち懐柔策を並行せざるをえなくなった。義兵の帰順奨励策は韓国皇帝の詔勅を利用していることから、皇帝の権威を借りている点では皇帝の南北巡幸と同じであったが、伊藤統監がこの政策の担い手として選んだのが、憲兵隊であったことは、上記した憲兵隊拡張策との関係からも注目に値する。義兵の投降が問題になりはじめるのは一九〇七年一一月二四日からのことであるといわれる。京畿道の高安分遣所に義兵が次々と投降してきたのである。この「注意スヘキ新傾向」は以後の対義兵方針の決定に有力な素地をつくる。[2] この時期の義兵の帰順は、その帰順先が、最初、京畿道であったことや、（**表6**）の一九〇七年一二月期の数値のとおり、京畿道や忠清道に集中していたことから、同年八月、日本の韓国軍隊解散に憤慨し、いったんは義兵闘争に参加していた義兵の一部分が、憲兵隊大拡張による厳しい弾圧の結果、やむなく投降したものであると考えられる。帰順者を取り調べた京城分隊の報告書にも、そのような内容が記されている。

高安分遣所ニ帰順ヲ申出タルモノハ主ニ農民ナルモ、山間住民ノコトトテ、多少銃猟ノ心得アル所ヨリ、金暮洙及崔太〔泰〕平ノ賊魁等ニ脅迫的募集ヲ受ケ、遂ニ賊徒トナリタルモノナルカ、憲兵ノ配置ト共ニ、漸次秩序回復ヲ良民愈々信頼ノ度ヲ加フルニ及ヒ、自然悔悟ノ情著シク現ハレ、真意ヲ以テ帰順ヲ申出タルモノナリ。為ニ武器ヲ所持スルモノハ、之ヲ隠匿セスシテ悉ク提供シ、其ノ間ニ何等ノ故障起ラス、面長等ハ我憲兵ノ諭旨ニ服シ、進ンテ勧誘ヲナシタル結果、該管内ニ於ケル暴徒加担者ハ悉ク帰順シ、未帰順者ハ単ニ家屋ヲ有セサル住所不定ノモノ十三名ノミトナレリ〔後略〕[3]

このような状況から「帰順出願ハ裏面ニ於テ暴徒ニ悔悟ノ分子アリテ、又困憊《こんぱい》ノ色アル」と把握した明石元二郎憲兵隊長は、この際、帰順者を許容し、なおこれを大いに奨励することが韓国の「秩序回復上得策」であると考え、直ちにその意を統監伊藤に提出する。[4] 伊藤はそれに賛同したとされる。このように、帰順奨励策自体、憲兵隊の提議・主導したものであったという憲兵隊側の記述であるが[5]、前述したように、守備隊

【表6】各官署取り扱い義兵帰順者一覧表（1907年12月〜1908年10月）

官署別／道別		京畿	忠清	全羅	慶尚	江原	黄海	平安	咸鏡	計
韓国駐箚憲兵隊		753	423	194	167	719	1,359	103	365	4,083
他の官署及び委員	警察官署	531	433	147	218	1,784	494	71	331	4,009
	観察使、郡守、宣諭委員	181	455	81	226	21	114	1	78	1,157
合計		1,465	1,311	422	611	2,524	1,967	175	774	9,249

出典：『朝鮮憲兵隊歴史』2/11より作成。

による過酷な弾圧方針に対する「反省」もあったことから、一九〇七年一二月一三日、以下のような韓国皇帝の「暴徒帰順勧奨ノ詔勅」が公布されることになった。

> 嗚呼《ああ》、今茲地方ノ擾、未タ寧息セサル、是レ豈《あに》我赤子偏ニ乱ヲ好ミ、禍ヲ楽ムノ心アリテ、鋒鏑《ほうてき》ノ患ニ置ルヲ甘ンスルモノナラムヤ。唯愚迷謬誤、是非ヲ顚倒シテ、然ルニ過キサルナリ。其ノ心ヲ原《たず》ヌレハ、曷《なん》ソ曽《かつ》テ必誅ノ罪アラムヤ、其ノ咎《とがめ》、素《もと》ヨリ教育セサルニアリ、其ノ冥擿《みょうてき》ニ任スルハ孺《じゅ》子ノ匍《ほ》匐《ふく》シテ、将《まさ》ニ井ニ入ラムトスルヲ救ハス、又以テ之ヲ擠サムトスルナリ、況《いわ》ンヤ天寒歳暮ニ値テ、氷雪ノ中ニ顚連シ、且其ノ父母ハ閭ニ倚テ注キ、妻子ハ飢ニ啼《なき》テ待ツ。満目愁惨、所在皆然ルヲヤ、民ノ父母タルモノ念フテ茲《ここ》ニ至レハ、惻然トシテ涙ヲ下ササルヲ得ムヤ。今ヨリ以後始終梗化スル者ハ、法ニ依リテ救ス罔《な》シ、其ノ或ハ前非ヲ覚悔シ、誠心帰順シ情確ニシテ疑ナキ者ハ、前罪ヲ問ハス、地方官憲ノ監視保護ノ下ニ在テ、免罪ノ文憑ヲ給与シ、其ノ堵《と》ニ安ンシテ業ヲ楽ムヲ許シ、龍蛇ヲシテ化シテ赤子トナラシムヘキナリ。咨爾有司諸臣克《よ》ク朕カ好生ノ心ヲ体シ布諭施行セヨ(6)。

【表 7】憲兵隊への帰順者各道月別統計表（1907 年 12 月～1908 年 10 月）

月別／道別	京畿	忠清	全羅	慶尚	江原	黄海	平安	咸鏡	計
1907 年 12 月	187	6							193
1908 年 1 月	75	41	3		3	26			148
2 月	41	49	12			11		1	114
3 月	38	14	2			15		8	77
4 月	33	5	12			144		13	207
5 月	26	25	14			270	9	18	362
6 月	18	12	9	1	28	216		28	312
7 月	45	46	17	3	111	213		49	484
8 月	91	64	9	3	181	150	16	36	550
9 月	90	55	69	29	178	122	33	82	658
10 月	108	106	47	131	218	192	45	130	977
合計	752	423	194	167	719	1,359	103	365	4,082

出典：『朝鮮憲兵隊歴史』2/11 より作成。

この詔勅によって韓国全国各地から帰順者が相次ぎ、約一年で九〇〇〇人を超える義兵が帰順することになった。詔勅により、憲兵隊のみならず、警察官署、観察使、郡守、宣諭委員等、他官署においても帰順者事務を取り扱うことになったが、（**表6**）からは、憲兵隊が警察官署と並んで義兵帰順政策の中心機関であったことがわかる。[7] また（**表7**）からは、少数ではあるが毎月、帰順者が漸次増加し、憲兵隊の成果が挙がっていることが確認できる。憲兵側が、「詔勅ノ形式ヲ籍リテ出テタル帰順ノ許容ハ、時宜ニ適シテ茲《ここ》ニ着々功果ヲ収メムトス」と自慢するほどであった。[8]

帰順した義兵は「中ニハ多少再ヒ賊徒ノ群ニ投シタルモノアルモ、概シテ韓国政府ノ道路工事、若《もしく》ハ他ノ正業ニ従事シテ善良ナル道途《どうと》ヲ辿《たど》」り、[9] 彼らからは義兵の内情など大事な情報も得られ、鎮圧作戦に役立たせるのはもちろん、民衆と義兵間の結びつきを攪乱し、義兵を孤立させることにも利用できるということで、「我隊長ノ建策ハ充分ナル成効ヲ収メタリ」と憲兵側は評価している。

一九〇八年六月一一日に制定された、前述の「憲兵補助員制度」も義兵帰順奨励策の一環として憲兵隊に利用された。憲兵隊は、帰順した義兵を日本人憲兵の補助員として働かせ、義兵鎮圧に当たらせることによって帰順政策の受け皿として活用したのである。[10] 実際、一九〇八年末、駐箚憲兵隊司令官明石元二郎が作成した『暴徒情勢附憲兵補助員』の中でも「憲兵補助員ノ成績ニ就テハ満足ナリ。〔中略〕暴徒出身ノ補助員概シテ優等ノ成績ヲ占メリ[11]」と述べているように、義兵帰順者出身者の「成績」は、憲兵側にとって満足すべきものであったようだ。このように憲兵隊は義兵帰順奨励策の中心的な担い手であった。

こうして義兵帰順奨励策は一応順調に進められ、ある程度の持続的成果を挙げてはいたが、局面を一変させるような大きな流れをつくり出せずにいた。前述したように、伊藤は一九〇八年五月には守備隊、憲兵隊、警察という三つの討伐機関の義兵討伐指揮権を駐箚軍司令官長谷川好道へ委ね[12]、武力弾圧は軍に任せ、伊藤自身は懐柔政策に重きをおくことにした。この時期、既に伊藤の統監辞任がうわさされるほど[13]、思うように鎮静化されない義兵の抗日闘争により伊藤は韓国統治への意欲を失いつつあったこともその原因の一つと思われる。[14]

また、このように懐柔策が行われていても、日本軍守備隊の虐殺行為がなくなったわけではなかった。例えば一九〇八年一〇月七日に全羅北道泰仁郡で起きた「一進会員誤殺事件」が挙げられる。当時、韓国最大の親日団体であった一進会の会員二一人が、旅行中の宿泊先で守備隊所属の騎兵隊の急襲により虐殺された事件である。一進会会員らは武器も所持しておらず、突入してきた守備隊員にまったく抵抗もしなかったが、そうした彼らを問答無用に射殺・斬殺したのである。[15] 殺されたのがたまたま一進会会員であったことから表に出た事件ではあるが、武器も持たず、抵抗もしない多数の民間人を一方的に「一度取調ぶるなくこれを攻撃したる」日本軍の行動が露骨に示された事例であった。

この事件で「伊藤統監の如き大いに痛心する所あるが如し[16]」と虐殺問題の再台頭を恐れていた伊藤は大きな衝撃を受けたと思われる。[17]また憲兵隊側は、すばやくこの事件への関与を否定し、もっぱら守備隊による事件だったと主張しているが、[18]このことからも守備隊の虐殺行為と憲兵隊の拡張の関連性がうかがえる。

もう一つの懐柔策が、韓国皇帝の威光を借りて「民心の一新を期する為」の「韓皇の地方巡行」を行うことであった。[19]皇帝の地方巡幸は、朝鮮王朝の歴史上、初めてのことであり、時期的にも酷寒の冬で、皇室行事としては適切なものとはいえない状況であったが、伊藤は自ら韓国皇帝純宗の巡幸に随従し、二回までもこれを強行した。巡幸の日程をみると、第一回は韓国南部を中心に行われ、一九〇九年一月七日にソウルを出発し大邱に到着、同八日には釜山に、同一〇日には馬山に、同一二日には大邱に移動し、同一三日にはソウルへ戻っている。[20]第二回は西北部を巡幸し、一月二七日にソウルを出発し平壌に到着、同二八日に新義州に、二九日には義州に、三〇日には新義州に、三一日には定州を経由して平壌に、二月二日には黄州を経由して開城に移動し、同三日にはソウルへ戻っている。[21]巡幸は、宮廷列車を駆り、随行する皇族、高官、音楽隊などを合わせて皇室側がおよそ一二〇人、統監側を合わせて約二〇〇人規模の人員で、全国の主要都市を二週間で回る強行軍であった。[22]

伊藤が最初の巡幸地である大邱で行った演説の中で、「韓国地方ノ状況ハ、未タ全ク平穏ニ帰セサルノ地方南北ニ現ハレ、陛下ノ心中ニ於テハ、地方人心ノ平和ニ復シ、各其ノ業務ニ勤勉シテ、而シテ我補導ニ依リ韓国ノ富強ヲ図ラムトスルノ宸意《しんい》ニ存ス」と述べているように、巡幸の目的は、義兵蜂起によって揺らぐ統監府の地方支配を、皇帝の権威と、甘い言葉によって、韓国民を懐柔しようとすることであった(23)。そのために、巡幸の際には、高等官・名望家・高齢者・孝子・節婦らへの賜謁、各方面への下賜金付与、学校訪問など、民心をなだめるための行事が活発に行われた(24)。また、巡幸に合わせて、わざわざ日本海軍の第二艦隊を釜山に、第一艦隊を馬山に派遣し、皇帝の艦隊訪問と、軍事練習の観覧が日程に組まれていたが(25)、その意図は、皇帝及び随行していた韓国の政府高官や、現地の韓国民に対する、日本の軍事力の誇示にあったと思われる。

このように韓国皇帝の南北巡幸と義兵の帰順奨励策といった懐柔策を強化していた伊藤統監であったが、その成果は満足すべきものではなかった。伊藤は、南北巡幸が義兵闘争沈静化につながると大きな期待を寄せていたが、韓国民に対する巡幸の影響について各方面から挙がってくる報告の内容は、その期待を裏切るものであった。巡幸は、「多額ノ費用ヲ要セシ韓国ヲシテ、此ノ如ク多額ノ費用ヲ出シメ、以テ国ヲ亡ホサントスル計画ナリ(26)」であるとか、日本軍艦隊を派遣したことと関連し、「何ノ為メ軍艦来ルヤ」、「韓皇帝陛下カ統監ノ為メニ日本国ニ拉《つ》レ去ラルニ非サルナキカ(27)」、「日本人ノ圧迫ニ依リ渡日ヲ為サントスルモノナリト推シ、不快ノ感ヲ惹起セルノ状アリ(28)」という、疑惑の眼差しで韓国民から見られていた。特に「一般ニ排日思想ニ富ミ、今日ノ日韓関係ヲ歓迎スルモノ殆ントナキ」北部地方においては、その傾向はさらに強く(29)、義州では日本の国旗を切断する事件や(30)、開城では巡幸準備のために設置した臨時事務所の爆発事件などが起こるなど(31)、巡幸を阻止するための抵抗が続いた。韓国民を懐柔しようと行った統監の演説に対しても、韓国

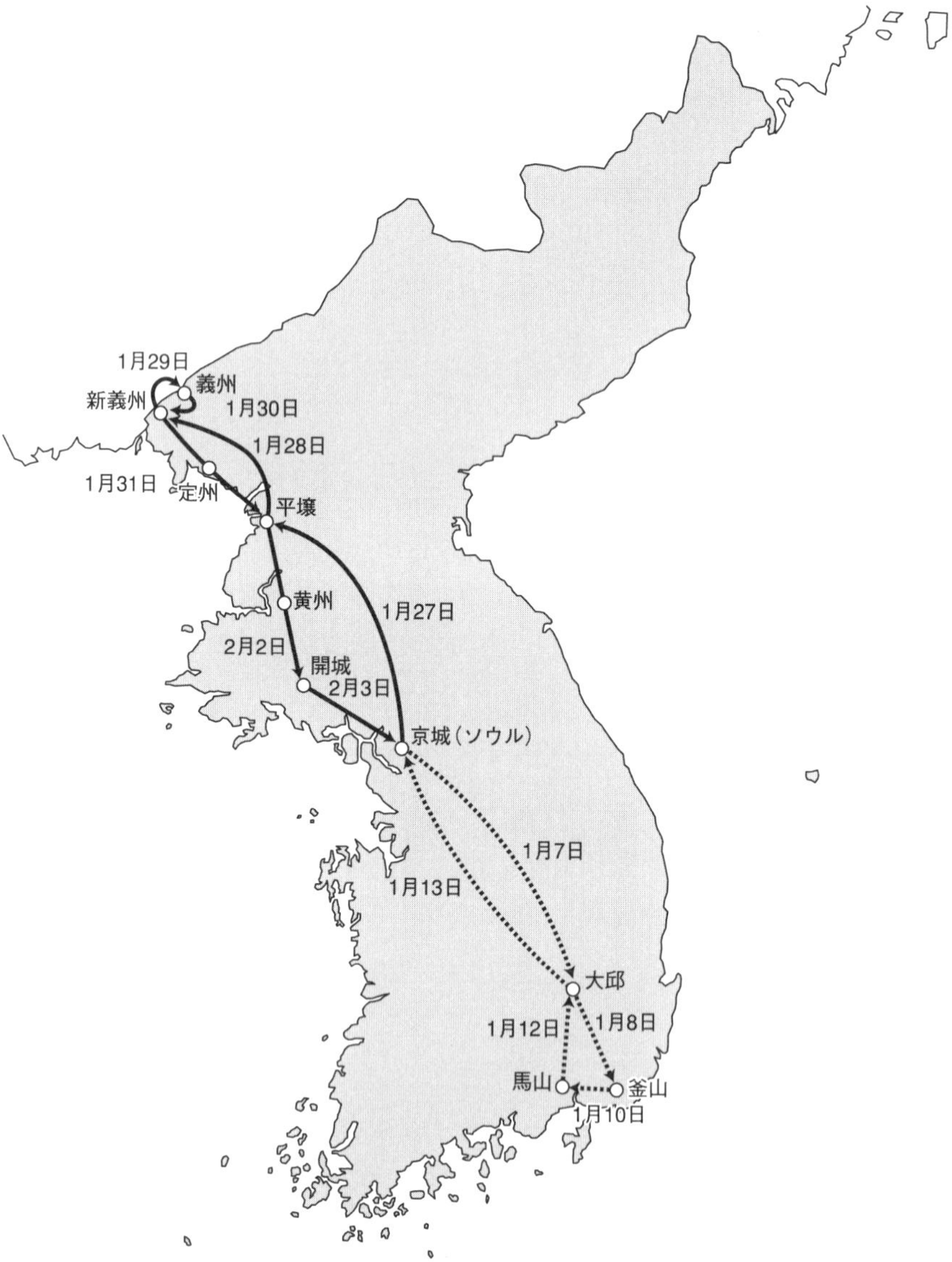

【図 2】韓国皇帝純宗の巡幸ルート

民は「統監演説ノ意思ハ、韓国ニ施ス日本ノ政策的手段ニシテ、現在ノ実状ニ徴スルトキハ、韓国ノ保全ヲ期スルニアラスシテ、日本ノ勢力ヲ示シ以テ、我国ヲシテ日本ニ敵対シ能ハサラシムルノ予言タルニ過キス」と、見事にその真意を把握していたのである。[32]「むしろ純宗の南北巡幸が韓国民のナショナリズムを皮肉にも喚起した」のである。[33]

また「行幸ノ暴徒ニ及ホシタル影響ニ就テハ、未ダ詳知スルコトヲ得サルモ、現今ノ暴徒ハ政治的意味ヲ有スルニアラスシテ、暴徒ヲ標榜スル一種ノ強盗ナルヲ以テ、其及ホシタル影響ハ殆トアラサルヘシト思料ス」[34]と言い訳じみた報告を地方官が伊藤統監に行っているように、義兵に対しても、あまり影響を及ぼしていなかったのである。一方、「暴徒ニ及ホシタル影響」は「未ダ何等ノ影響ヲ及ホシタルヲ認メス」としながらも、「只暴徒帰順者ハ何レモ皇恩ニ感シ謹慎ヲ表シ各生業ニ精励シツツアリ」と報告しているように、帰順者にはある程度の影響を及ぼしたようである。[35]

2 統監交代による義兵鎮圧方針の変化

結局、韓国皇帝の南北巡幸の事実上の失敗によって、韓国統治に対する意欲を完全に失ったのか、伊藤は統監を辞任し、一九〇九年六月一四日、副統監であった曾禰荒助が新しい統監に任命されることになる。伊藤の統監辞任の最大の理由は「慰撫・懐柔によっても韓国国民の心服を得ることは決してできず、支配の合意すなわち正当性の獲得に自信を失ったこと」であるといわれる。[36] 曾禰を次期統監に推薦したのは伊藤で、曾禰も伊藤の後継者を自認し、基本的には伊藤の路線を引き継ぐ姿勢をみせていた。[37] しかし、曾禰は伊藤の憲兵隊重視の路線は踏襲しながらも、[38] 義兵帰順策という懐柔策については消極的であった。憲兵補助員制度の成立直後の一九〇八年八月一一日に、副統監であった曾禰は、「憲兵補助員ノ配置モ充分行渡リ、一面ニハ電話架設モ完備セハ、暴徒取締充分ナルヲ以テ、最早彼等ヲ政治上ノ賊徒ト見ス、通常火賊ト同視シテハ如何、今日迄ハ暴徒ニシテ帰順セハ直ニ其罪ヲ赦免セラルル特典ナリシモ、爾後、帰順者ヲ赦免スルコトモ十月末ヲ期シテ、之ヲ廃止シ、其ノ後ハ暴徒ハ凡《すべ》テ火賊トシテ取締ルニ如《し》カスト考フ」と、統監官舎で開かれた大臣会議で発言している。[39] 義兵を火賊と改称する案は、内乱罪による処罰ができず、鎮圧に支障をきたすことを理由に見送られたが、前掲の「暴徒帰順奨励ノ詔勅」は一〇月末を期に廃止させることが決まったのである。[40] 義兵鎮圧において、伊藤に比べ曾禰はやや武力弾圧に重きをおいている傾向はあったと考えられる。

韓国皇帝の巡幸という懐柔策の失敗は、大規模な軍事作戦によって局面を打開しようとする動きにつながる。それがいわゆる「南韓暴徒大討伐作戦」である。

第2節　「南韓暴徒大討伐作戦」

1　大討伐作戦計画における義兵帰順奨励策

統監となった曾禰荒助はすぐさま大規模の義兵鎮圧行動に向けて準備を進める。すでに統監就任直前の一九〇九年五月一一日の大臣会議席上においても、「全羅南道ハ未タ容易ニ鎮静スヘクモ見ヘス、且ツ暴徒ハ追々ニ島嶼ニ逃入スルカ如シ」であるとして、「一艘《そう》約千円位ニテ交通船ヲ製造シ」、「之ヲ弐拾艘モ製造シ、絶ヘス島嶼《とうしょ》間ノ連絡ヲ保チ、以テ警戒セハ、暴徒鎮定ニ利ナラン。然ラサレハ容易ニ鎮定ヲ見ル能ハサルヘシ」と、未だ抵抗を続けている全羅道地域の義兵が、島嶼へ逃げ込むことに対応するため、曾禰の指示により、警備用の連絡船製造が計画されていた。[41] 一九〇九年七月一日付の『福岡日日新聞』では、「暴徒殲滅《せんめつ》方針」というタイトルで以下のような記事を掲載している。

> 曾禰統監は過日の大臣会議に於て、政治経済上暴徒鎮圧の急務たるを説きしが、今や暴徒は討伐隊の圧迫を蒙り勢力区域を狭められ、僅かに全羅南道に據りて抵抗しつつある状態なり。従って我軍隊は憲兵及警察の配置愈々厳重周密となるに従ひ、彼等は血路を海上に求め、南韓沿岸諸島に入込むもの多きを

加へつつあり。因《より》て今後は益々陸上の警備を厳にして、また海上には汽艇二十余隻に討伐隊を乗込ましめ、各島嶼及海上の賊を殲滅し、海陸相俟《ま》つて暴徒一掃の功を挙ぐる方針にて、既に汽艇の建造に着手を為したりと。[42]

ここでいう「過日の大臣会議」とは、六月二四日に開かれた大臣会議のことで、そこでは、曾禰統監が義兵鎮圧用の船の製造を韓国政府の李完用首相に指示するなど、「暴徒鎮圧ニ関スル御協議」がなされた。[43]つまり、五月の段階から全羅道地域における大討伐を想定し、「海陸相俟つて暴徒一掃」するために、海上における討伐を目的とした船舶の準備に入っていたことがわかる。陸上における準備もそれに併せて進められ、一九〇九年五月四日、「臨時派遣隊交代ニ関スル命」により、義兵鎮圧の主体として「臨時韓国派遣隊」が編成されることになった。[44]臨時韓国派遣隊とは、従来の韓国南部守備管区内の臨時派遣部隊と交代させるために編成された常設部隊（司令官は陸軍少将渡辺水哉）で、その編成は司令部及び歩兵二個連隊の総員一九一六名よりなり、その編成担任師団は、第一連隊は第一、第三、第一五師団、第二連隊は第四、第九、第一八師団となっている。[45]この臨時韓国派遣隊は五月二九日から六月一日までに韓国の釜山へ上陸しており、[46]「臨時韓国派遣隊到着ト共ニ大久保〔春野〕軍司令官ハ、新鋭ノ兵力ヲ以テ南韓暴徒ノ掃蕩《そうとう》ヲ希望」していたのである。[47]「大規模ノ討伐ヲ実施スルノ必要アルハ、既ニ軍司令官ノ御意図ニアリタルカ如シ」というように、[48]軍側は以前から大部隊による大規模討伐を意図していたようであり、統監交代によってようやくそれが実現できるようになったものと思われる。

一方、大討伐を行う理由として臨時韓国派遣隊司令部は以下のように述べていることは注目に値する。

暴徒ノ勢力猖獗《しょうけつ》ニシテ、地方産業ノ発達ヲ阻害シ、政令ノ普及ヲ妨止シ、各地ヲ荒廃セシムルニ外ナラス。故ニ、此地方ヲ開発シ民力ヲ富裕ナラシメ、其安寧ヲ図ラント欲セハ、速ニ賊徒ヲ勦滅《そうめつ》セサルヘカラス。(49)

つまり、全羅道地域における義兵闘争の激化と韓国民衆の抵抗を、韓国に対する日本の経済侵略と植民地化政策推進の大きな障害とみて、速やかな軍事作戦によってそれを排除しようとしていたのである。(50)

このような義兵大討伐構想により、八月初旬より計画の調査が着手され、八月一四日「南韓大討伐実施計画」(51)としてまとめられる。計画の概要を述べると、「討伐ヲ行フヘキ区域ハ、全羅南北道下ニシテ、長華島―扶案―泰仁―葛潭―南原―花開―河東―高浦ヲ連絡シタル線ノ西南地区及沿岸島嶼《とうしょ》トス」るもので、その実施期間は三期に分け、第一期は九月一日から一五日まで一五日間、上記の長華島―高浦を結ぶラインと、法聖浦―霊光―三巨里―西倉―綾州―宝城―書洞―ツーニヤク島―角石島―黄提島を結ぶラインとの中間地区を、第二期は、九月一六日から三〇日までの一五日間、上記の法聖浦―黄提島を結ぶラインより西南海岸に至る全地区を、第三期は、一〇月一日から一〇日までの一〇日間、南韓西南角一帯の諸島嶼全部を対象とするものとした。(52)

臨時韓国派遣隊所属の歩兵第一・第二連隊の二個連隊すべてを動員し包囲網を形成し、また討伐隊を警備

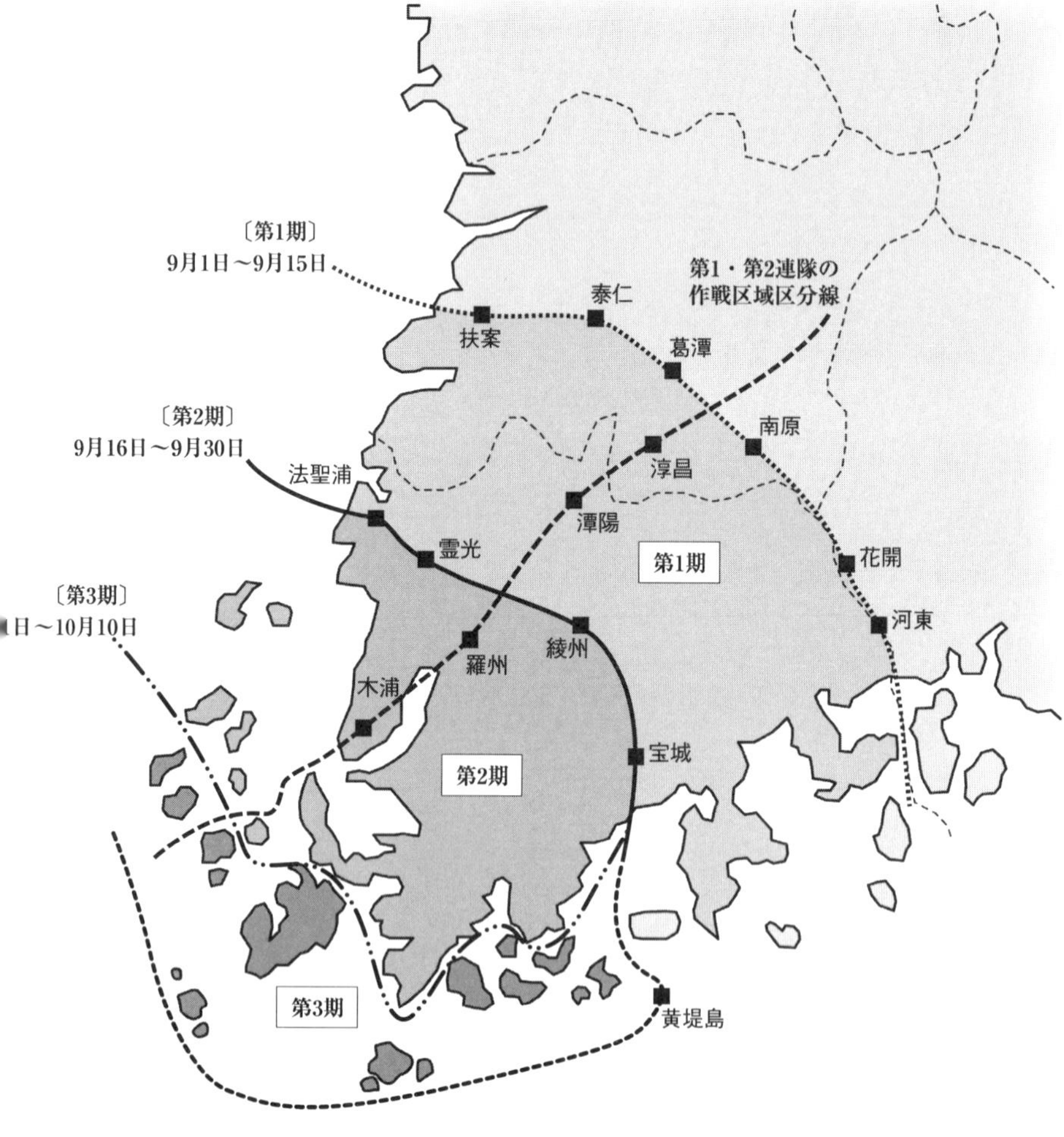

【図 3】「南韓大討伐作戦」第一次作戦図
出典:「南韓暴徒大討伐概況」の付図より作成。

部隊と行動部隊の二つに分け、外郭からその包囲網を圧縮していきながら討伐を行うというものであった。また、沿岸の捜索と警備は、海軍の第一一艇隊及び韓国政府の石油発動機汽艇、そして守備隊の小蒸気船梅丸が担当した。[53] 地域を限定して包囲網を密にし退路を断ちながら、「前後左右に往復を数次し、且つ奇兵的手段に出て」、繰り返し捜索・鎮圧を行い、義兵に混乱を与えるその鎮圧方法は、「撹拌的方法」と呼ばれた。[54] なお、この作戦計画において憲兵隊は、警察とともに、鎮圧部隊に「協商」、「協力」するという補助的な役割が与えられていた。[55]

この計画に伴い八月中旬には大隊長以上の諸官を派遣隊司令部に招集し、計画を承知させ、また討伐上の意見を諮詢している。八月下旬より、九月一日の作戦開始に合わせ、各部隊は包囲網形成のために移動を始めることになる。[56] 韓国政府に対しては、大討伐開始の前日である一九〇九年八月三一日、統監府官舎で開かれた大臣会議席上で、作戦の計画書及び図面が提出され、計画の詳しい説明がなされていた。[57]

曾禰統監は八月二四日、首相桂太郎あてに以下のような文書を送って、大討伐計画の報告をしている。

韓国ノ暴徒ハ討伐ニ励行ト帰順ノ勧誘トニヨリ、日ヲ追テ鎮静ニ赴キタリト雖モ、各方面ヨリ圧迫ヲ受ケタル残徒ハ、客年末ヨリ全羅南北両道ニ集合シ、頻《しきり》ニ兇暴ヲ逞《たくまし》フスルヲ以テ、爾来、討伐隊ハ屢々《しばしば》強烈ナル攻撃ヲ加フルモ、集散常ナク容易ニ全滅スルニ至ラス、以テ今日ニ及ヒタルハ甚タ遺憾トスル処ニ有之《これあり》、之カ鎮圧ニ関シテハ、本年六月本官カ大命ヲ拝シタルノ際、伏奏シタル次第モ有之候處、愈々《いよいよ》之カ掃蕩ノ為、大討伐ノ実行ヲ計画シ、陸上ニ在リテハ駐箚軍、憲兵隊及警察官、海上ニ在リテハ第十一艇隊及韓国政府ノ警備船石油発動機汽艇等、陸海互ニ協力策応シテ左記順序ノ通、来ル九月一日ヨリ着々実施スルコトニ致候條御諒知ノ上、上奏方御取計相成度、此段申進候也(58)。

この報告からは、前述のとおり、曾禰の統監就任時から作戦が予定されていたことや、今まで日本軍の義兵鎮圧に対し、天皇へ上奏した前例がないことから、いかに今回の作戦が上奏が要求されるほど大きなものであったかがわかる。そして、韓国民虐殺の国際問題化以後、伊藤による方針転換で始まった「討伐ニ励行ト帰順ノ勧誘」並行方針が、継続されてきたことも確認できるのである。その方針は、この大討伐作戦計画の中でも受け継がれることになる。一九〇九年九月、渡辺水哉南部守備管区司令官が韓国民に対し発した、以下の内容の「諭告」からも、その傾向が見られる。

韓国南部守備管区司令官陸軍少将渡辺水哉ハ茲《ここ》ニ書ヲ頒テ管内韓国民衆ニ告グ。〔中略〕若《もし》暴徒ニシテ過《あやまち》ヲ悔ヒ、非ヲ悟リ、国法ノ制裁ヲ仰クニ於テハ、軍隊ハ固《もと》ヨリ問フ所ニ非ラス。今ヤ賊魁中、能《よ》ク成敗利鈍ニ鑑ミ、曲直ヲ明ニシ投降シ来ル者躡踵《じょうしょう》相続クニ至リ、地方ノ平定、希《ねがわ》クハ庶幾カラントス。故ニ此好機ニ際シ、暴徒ノ親族及其郷党ノ民衆ハ、猶《なお》各地ニ残存スル匪賊ニシテ、狐疑逡巡、降伏ヲ躊《ちゅう》躇《ちょ》スルモノヲ知ル有ラハ、之ヲシテ反省セシメ順良ノ臣民タラシムルハ、最其所ヲ得タルモノニシテ、天理人道ニ適《かな》ヒ、国利民福ヲ増進シ、一ニ韓皇に奉スル所以《ゆえん》ニシテ、韓国ノ為メ慶賀スル所ナリ。民衆須《すべから》ク此諭告ニ遵《したが》ヒ、暴徒ヲ戒飭《かいしょく》シ幸ニ臍《へそ》ヲ齧《か》ムノ悔《くい》アラシムル勿《なか》レ(59)。

ここでは義兵本人ではなく、その親類・同郷者などに対し、今回の作戦を機に周囲の義兵を説得し、「投降」、「降伏」するよう勧めることを促している。この諭告は、懐柔策並行政策前の、前述した一九〇七年九月七日、当時の駐箚軍司令官長谷川好道が行ったいわゆる「焦土作戦」に際し、義兵の縁故者に対する「厳罰」や「厳重な措置」を強調した内容の告示と比較しても、(60)大変「寛大な」内容のものであったといえる。また、大討伐作戦計画の中で「討伐ノ目的ハ韓国ノ安寧ヲ期スルニアリ。此目的ヲ達スル為ニハ暴徒ヲ殺戮《さつりく》スルヲ以テ本旨トスヘキモノニアラス。故ニ勉メテ自首ヲ勧奨シ自ラ是非ヲ悟ラシムルカ如クシ、各隊長ハ常ニ討伐地方ノ民衆ヲ訓諭シ、武力ト慰撫トヲ以テ恩威併行ノ処置ヲ為シタルコト(61)」と明示しているように、武力と懐柔を並行した作戦であったのである。さらに、臨時韓国派遣隊司令部が「討伐ノ手段方法トシテ採用シタルモノ」として挙げている項目の中で、以下のような部分を見てもその傾向は明らかである。

一、観察使、郡守等、管内各地ヲ巡回シ、百方説諭ヲ加ヘ自首ヲ勧誘ス。
一、諭告文ヲ発シ討伐地域内各道ノ各面、洞内及人民輻湊《ふくそう》ノ場所ニ掲示シ、自首ヲ勧奨ス。
一、抵抗逃走ヲ企ツル者ノ外ハ一切殺戮ヲ禁シ、総テ憲兵警察ニ引渡シ其取調ヲ受ケシメ、然ル後裁判所ニ送致ス。
一、軽微ノ犯罪者ニシテ自首シタルモノニ於テハ、面長、洞長ニ責任ヲ以テ監視セシメ、自宅ニ謹慎セシメテ村預ケト為シ、未自首者ヲ暗ニ誘発ス。(62)

ここでも無闇な殺戮を禁じ、義兵の自首を促すようにと規定している。このような方針は、一九〇八年一〇月末以来休止していた、義兵帰順奨励策の再開を意味するものであった。

2 「南韓暴徒大討伐作戦」の実態

実際に作戦が始まると、予定した十分な成果が上げられなかったため、渡辺水哉南部守備管区司令官は計画を変更し、第二期作戦終了をもって第一次討伐計画の終了とし、新たに第二次討伐計画を立て、一〇月二五日まで延長し、第一次計画の地域に対し、もう一回「厳密ナル捜索ト検挙ヲ復行スル」討伐作戦を行った。[63]その鎮圧方針には変更がないまま進められた。捜索にあたっては、「特ニ村落ノ捜査ニハ一層ノ注意ヲ加へ、良民ト暴徒ノ弁別ニハ特ニ慎重ノ顧慮ヲ用ヒ」るように定められていたが、[64]これらは一九〇七年後半における韓国民虐殺問題と同様に、無差別な殺戮行為が内外の問題になるのを避けるためであったと思われる。しかし、一九〇九年九月二五日、警察部長の宮川武行が松井茂警務局長に送った報告によれば、「討伐隊中、暴徒か良民かを充分に確認できず、彼是の区別なく暴徒と称し乱打負傷させ、或いは良民と知りながら逮捕するなど、粗暴な行動を敢行する者あり、是等に対しては痛切に迷惑を感じている[65]」という有様であった。実際に現場では、こうした方針は遵守されていたわけではなかった。また、作戦の目的は殺戮ではないとしながらも、実際の行動においては、以前とあまり変わらないやり方で殺戮を行っていたことが、以下の記述

【表8】「南韓大討伐作戦」中における日本軍守備隊の鎮圧成果表

区分	義兵の損害				守備隊の損害	
	死	傷	捕虜	自首	戦死	負傷
期間：9月1日〜10月20日 地域：全羅南北道	451	43	811	1,478	5	1

出典：1909年11月26日韓国駐箚軍司令部調「討伐成績付表」(参一発第416号「韓国南部ニ於ケル暴徒大討伐実施報告ノ要旨」『参一発電報』、千代田史料415、防衛省防衛研究所付属図書館所蔵)より作成。

からもうかがえる。

日本軍が兵を分けて湖南〔全羅道〕の義兵を捜索した。上は珠山、錦山、金堤、萬頃から、東は晋州、河東から、南は木浦から、四方をまるで網を張るようにし、巡察兵を派遣して村落を捜索した。家から家へしらみつぶしに調べ、少しでも疑わしきは即殺した。これによって、通行人は自然と途絶え、隣村との連絡も通じなくなった。義兵たちは、三々五々逃げていき、四方に散ったが、隠れるところがなかった。強い人は突進して戦死し、弱い人は地を這いつつ斬られた。そして次第に逐われ、陸の終わる康津、海南に至った。死者は数千人に達した。高済弘と沈南一らは縄についた[66]。

これは全羅道における大討伐作戦の様子を、当時の韓国人儒学者黄玹が記したものである。「死者数千人」というのはやや誇張であるが、このような包囲・殲滅作戦により、実際(**表8**)のように多くの義兵側の犠牲者が出ていたのも事実である。

これらの数値を見ると、戦闘による義兵の死者が四五一人なのに対し、日本軍守備隊の死者はわずか五人に過ぎない。前掲した「南韓暴徒大討伐実施報告」の

【表 9】「南韓大討伐作戦」期間中における憲兵隊と警察の鎮圧成果表

	殺戮	捕獲	自首	合計
憲兵隊	47	56	349	453
警察	1	268	57	316

出典：「南韓暴徒大討伐概要」（千代田史料 623）より作成。

「戦傷病死者調査表」によると、[67]戦闘行為による死者はただ二人のみで、他は事故死である。それは靖国神社が発行した『靖国神社忠魂史』の「韓国暴徒鎮圧事件」にも、[68]同時期には戦闘死した二人の名前だけが祭神として載っていることからも明らかである。過去の義兵闘争高揚期の数値に比べれば、捕虜や自首者の比率が高まり、全体の規模は小さくなったが、義兵死者数対日本軍死者数の差は依然としてアンバランスな傾向にあり、一方的な虐殺が行われていた事実を示しているのである。

しかし、そうした武力弾圧以上に義兵帰順奨励策は大きな成果を上げていた。（**表8**）と（**表9**）のように、守備隊への帰順者が一四七八人、憲兵隊へ三四九人、警察へ五七人と、合わせて約一九〇〇人の義兵が帰順してきたのである。捕虜の数も約一一〇〇人に上る。作戦の準備段階から、「海岸ニ大砲ヲ据付タル船ヲ配置セラルル趣ノ風評アリ。為メニ暴徒等モ島嶼ニ遁逃《とんそう》スルコトモ出来難シト考ヘ、追々自首スルモノ多ク、昨今ハ大集団ノ暴徒ハ減少シ、纔《わず》カニ小団ノ暴徒ノミ現ハルル様ニナリ[69]」と、趙重応農商工部大臣が曾禰統監に報告しているように、大討伐作戦のうわさに動揺した義兵の自首者が出ていた。実際、「今回ノ討伐間暴徒ノ海面ニ溢出シタルモノ甚タ尠《すくな》ク、為ニ水雷艇隊モ討伐上直接効果ヲ顕ハスノ機会ナカリシハ、頗ル遺憾トセラルヽ所[70]」とまでいわれるほどであった。陸・海において圧倒的な軍事力により包囲・威嚇し、義兵に自首を強要した作戦が、一応成功したといえる。あまりに多くの帰順者・捕虜が出たことに対し、「一々之ヲ収容セントスルモ家屋ナク、直ニ裁判所ニ護送セシカ、同所モ既ニ満員トナリ受理スルコト能ハス、是ニ於テ一時之ヲ村預ケトナシ、光州地方裁判所ヨリ検事ノ出張ヲ求メ、臨時出張裁判所ヲ構成シ調査スルコト」にせざるをえないほどの状況であった。(71)

このように一般の義兵からは自首者が多かったのに比べ、義兵将クラスの帰順はほとんどみられず、「全南海南ニ於ケル黄社一ノ投降ヲ除クノ外、自首シ来ルモノ一人モナク、他ハ皆捕獲セラレタルモノ」であったが、その理由は、「首魁ハ到底死刑ヲ免レサルトシ、寧ロ逃シ得ル丈《だけ》逃レント企テタルモノ」が大多数を占める状況であったためである。(72)

一方、日本軍はこの作戦の成果・課題を踏まえた「将来ニ関スル意見」をまとめた。(73) その詳細をみると、まず「一、討伐ノ為メ相当ノ機密費ヲ交付セラルルヲ要ス」とあり、「密偵」の重要性を強調している。「良民ト暴徒ノ識別極メテ至難ニシテ、暴徒ヲ検挙センニハ一ニ密偵ノ力ニ依ルノ外、他ニ方法ナシ」と認め、その密偵を多く雇うために多額の機密費が必要であるとされた。次に、「二、軍隊配置ヲ細密ニ為スヲ要スルコト」。前述したように、今回の作戦により義兵は壊滅状態に陥ったが、義兵闘争の再燃を防止するため、持続的に警戒を行う必要がある、「当分、可成《なるべく》的軍隊ノ配置ヲ綢密ニシ、憲兵警察ノ配置ト相待チ相互協力」すべきとしている。「三、自衛的設置ヲナスヲ要ス」は、自衛団を組織する必要性についてである。前年に組織され、失敗に終わった自衛団は、時期的に早過ぎたためであるとし、今回の作戦により地方が安定したので、「将来ニ於テ官憲保護ノ下ニ自衛団ヲ再興スルカ、又ハ台湾ニ於ケル保甲制度ヲ適用スルコト」が必要であるとしている。「四、討伐目的ノ為ニスル変装隊ニハ拳銃ヲ貸与スルヲ有利トス」。これは義兵に変装した日本軍部隊が、カモフラージュのため韓国の銃を携帯していたが、使い慣れていないため、「自衛等ノ顧慮ヨリ拳銃ヲ携帯スル」必要があるとするものである。「五、中隊ニ若干ノ双眼鏡ヲ備付スルヲ要ス」。これは双眼鏡が、義兵を「先ンシテ発見シ、又ハ退走ノ方向ヲ確知シ、或ハ良民ト暴徒ノ誤認ヲ避クル等」、その用途が多いため、緊要であるということである。「六、警備電話ニ関スル件」は、義兵鎮圧用に使う「警備電話線ハ電信線及普通電話線ト兼用シアル為メ、通話甚タ遅緩シ、其効果ノ大部ヲ失スル状態」であるため、警備上不便であるとし、注意する必要があるということである。「七、足袋・草鞋《わらじ》ノ支給ニ関スル件」は、作戦において軍靴の破損が多ったが、それを一々補修するためには「多数ノ費用ト日数ヲ要シ」、鎮圧行動の妨げになるため、予備として足袋・草鞋を支給する必要性について主張するものである。「八、完全ナル通訳ヲ雇用スルコト」は、「嫌疑者ヲ糺《きゅうもん》問スル等ノ際ニハ、良好ノ通訳ニアラサレハ、到底機微ニ通シ難ク、労多クシテ功少キノ失アルハ、最遺憾トスル所」とし、多額の給料を出しても優秀な通訳を雇う必要があると主張するものである。最後に「九、変装ノ有効ナルコト」は、韓国兵に変装する作戦は、「今回ノ討伐ニ於テ最有効手段ノ一ツ」と高く評価し、「此方法ハ常時ニ於テモ討伐上必要ナルハ、実験上確認スル所」であり、将来には各中隊に二五着ずつを配備する必要があるというものである。

この意見からは、言葉の通じない外国の軍隊、それも新しく派遣されてきたばかりの部隊に、義兵と一般住民を区別できるわけがなく、その分別を専ら密偵の目に依存して鎮圧を行っていたことや、まともな通訳もなしに、義兵を捜査・審問し、韓国民の誤認逮捕・殺害が多かったことが容易に類推できる。また、変装隊と呼ばれる韓国兵にカモフラージュした部隊を用いて、義兵と韓国民をだまし、混乱させる作戦を大々的に行っていたことや、またその戦法がかなり有効であったことがわかる。

それでは、このような「南韓暴徒討伐大作戦」において、憲兵が果たした役割について見てみよう。前述したとおり、この作戦の主導勢力は南部守備管区所属の臨時韓国派遣隊、つまり守備隊であった。「南韓大討伐作戦実施計画」においても、「警備兵ニハ当該地方所在ノ憲兵巡査ニ協商シ、之カ応援ヲ求ムルヲ便ニス」としているように、憲兵隊は、捜索・鎮圧を行う行動部隊ではなく、鎮圧地の守備を担当する守備部隊に協力する補助的な役割を担うことになっていた。[74] 駐箚憲兵隊は、憲兵補助員を採用し、その人員を飛躍的に増やしたといっても、全国に細かく分散配置されていたため、新たに派遣できる状況ではなかった。言い方を変えれば、全国に憲兵が配置され、治安維持に当たっていたからこそ、このような大部隊の守備隊を動員した作戦が可能であったともいえる。それに、前述したように、憲兵隊に期待されたのはその戦闘力ではなく、警察機関としての役割であった。

状況は第二次討伐計画において若干変わることになる。「討伐隊兵力ノ不足ト、生地ニ於ケル状況不明ノ行動トヲ償補スル為メ、各地憲兵隊ト協同スルノ有利ナルヲ認メ、憲兵隊長及警察局長ノ承認ヲ得、各隊ニ於テ其行動ヲ共ニスルコトヲ要求シタリ」というように、[75] 何よりも全羅道全域を二個連隊の兵力でカバーするのは難しく、また、交代してきたばかりの新鋭部隊は、上記のとおり、言葉や地方状況の理解に困難があった。したがって、地域状況に詳しく、韓国人の憲兵補助員を有する憲兵隊に協力を要請せざるをえなかったのである。「守備隊駐屯地以外ニ於ケル賊情及地形ヲ審《つまびらか》ニスルハ、其地憲兵警察ニ依ルヲ最有利トス」[76] ということであり、「憲兵隊ノ大部ハ、軍隊ト協同シテ討伐ニ従事シ、尚、討伐隊ニ連合シテ動作シタルモノ尠《すくな》カラス」[77]と、積極的に鎮圧作戦に参加するようになったのである。積極的過ぎて、前述したように、功を急ぐあまり守備隊をライバル視し、トラブルを起こし、「協同ニ不十分ナルモノアル」ような状態であった。[78]治安維持の中心機関であると自負していた憲兵隊が、鎮圧作戦の「主力」となれず、守備隊に主導権を握られたことに対する苛立《いらだ》ちがあったものと思われる。[79]作戦途中、「単ニ憲兵ニ対シ紛争ヲ起シタルハ、夜間警戒ヲ怠リタルモノヲ罰シタル等ニ依リ、数名ノ懲罰者ヲ出セル」[80]というように、憲兵の中には、警備の姿勢を問題視して守備隊員に対し軍事警察業務を行う者もいた。当時、韓国における軍事警察の状況は「管内ニ駐箚スル守備諸隊ハ賊徒鎮圧ノ為メ各地ニ分駐出動シ、十中八、九ハ憲兵ト所在地ヲ異ニスルハ既報ノ如クニシテ、詳細視察ヲ遂クル能ハサル」[81]という状態で、ほとんど行われていなかったにもかかわらずである。

3 「南韓暴徒大討伐作戦」の影響

それでは、「南韓暴徒大討伐作戦」の「成功」が義兵闘争に及ぼした影響はいかなるものであったのか。作戦終了から二カ月後の一九〇九年一二月一六日、当時の駐箚軍司令官大久保春野は、『福岡日日新聞』の取材に対して以下のように回顧している。

南韓は殊に我が邦民の発展の方面なるに、斯《か》くの如く損害を受くるは遺憾なれば、一挙討伐を行ふ必要ありと決心し、渡辺少将を司令官として臨時討伐隊を組織し、去る九月より約二ヶ月間討伐を行ひ、また海上方面には統監府の警邏《けいら》船四隻を借入れ海陸相応じて隈なく討伐を行ひたるが、成績頗《すこぶ》る良好にして暴徒一千名を殺し、二千人投降し、首魁《しゅかい》五名の内、李学士と称する一名行衛不明となりし外、四名を捕縛したり。此等首魁は各三、四百以上の部下を有し、山塞《さんさい》岩洞中に居住し、部下を派して良民の部落より徴発し居れり。此等を討伐するは夜間にて夜の十時頃より夜明までに山塞岩洞を包囲捜索して攻撃することなれば普通の戦争と違ひ頗る困難なり。(82)

この記事を見てもわかるように、当時四〇〇〇人程度と推定されていたこの地域の義兵は、(83)この大討伐で壊滅的な打撃を受け、投降者はもちろんのこと、殺害された人数も決して少なくなかったことが明らかである。当時、日本軍は、全羅道地域の義兵を率いていた主な義兵将は約五〇人と推測していたが、沈南一、安桂〔圭〕洪、林昌模、姜武京〔景〕、金京久など、配下の義兵が一〇〇人以上の大物をはじめとしたほとんどの義兵将は、鎮圧作戦により戦死・逮捕され、包囲網を抜け出した義兵将は数人に過ぎないとされる。(84)臨時韓国派遣隊司令部が作成した「明治四十二年十一月以降臨時韓国派遣隊状況報告」では、大討伐作戦後の状況について次のように記している。

明治四十二年九月一日ヨリ十月末日ニ亘《わた》リ全羅南北道ノ暴徒大討伐ヲ実施セシ以来、当管内ハ概シテ平穏ニシテ集団セル賊徒ノ横行ハ殆ント其跡ヲ絶チシモ、尚賊徒ノ根絶ヲ期スル為、守備隊ノ配置ヲ稠《ちょう》密《みつ》ニシ、引続キ各地ノ暴徒ノ討伐及残賊ノ捜索ヲ続行シ、今ヤ殆《ほと》ント賊影ヲ絶ツニ至レリ。(85)

二カ月にも及ぶこの大討伐作戦により、全羅道地域における義兵闘争は事実上瓦解し、『朝鮮暴徒討伐誌』に「全羅南北道ノ地ハ茲《ここ》ニ全ク清掃セラレ、土民亦我恩威ニ服シ、爾後《じご》、殆《ほと》ント平静ノ状態ニ復セリ」と記されるようになったのである。(86)

一方、自ら投降してきた帰順者以外に、捜索・戦闘によって作戦中に捕虜となった義兵の処理において、「南韓暴徒討伐の際、捕虜にせる七〇〇名の処分に就き統監府にて研究中の処、愈《いよいよ》全羅道の一大治道工事に使役することを決せり」という新聞報道のように、(87)罪の軽いものは刑事処罰をせず、監視の下、鉄道や道路工事に使役させるといった懐柔策を適用していた。実際にこの工事に動員された義兵の数は約五〇〇人で、その内訳をみると、生活の苦で義兵になった者が三〇〇人、労働を忌避し義兵になった者が一〇〇人、強制的に義兵に参加させられた者が一〇〇人で、反日思想をもっていないと思われる人々に限られた。(88)

そして、当時、義兵運動の中心地であったこの全羅道地域の義兵の崩壊は、他地域の義兵運動にも影響を与えた。(89)全羅道外に逃れた義兵も含め、残った義兵らは活動の場を日本軍の鎮圧が及びにくい海外へ求め、多くが満州に渡り闘争を続けた。「北計策」といわれるものである。(90)それに伴い、韓国国内においては、**（表10）**のように、すべての数値が減少しつつあり、義兵闘争全体が収束へ向かっていったのである。

全羅道における義兵闘争鎮圧という討伐の直接的な効果とともに、日本軍は「間接ニ収得シタル成果」として、以下のような効果を上げている。

今回ノ討伐行ハル、ヤ、未タ其終了セサルニ先チ、既ニ農業経営者及商人等ノ陸続内地ニ進入シ、早々

【表10】守備隊・憲兵隊・警察の義兵鎮圧成果表

	衝突回数	衝突人数	日本側戦死	義兵殺戮
1909年11〜12月	52	836	0	80
1910年 1〜2月	36	482	0	39
1910年 3〜4月	40	539	0	52
1910年 5〜6月	29	365	4	12
1910年 7〜8月	18	296	0	12
1910年 9〜10月	14	131	0	5

出典：『朝鮮暴徒討伐誌』付表より作成。

事業ニ着手スルモノアルヲ見タリ、是ニ於テカ始メテ着実ナル邦人ノ殖産興業ノ実ヲ挙ケ得ヘク、啻《ただ》ニ邦人ノ対韓事業ノ勃興ヲ促進スルノミナラス、韓民ヲ啓発誘導スルノ点ニ於テ偉大ナル効力ヲ認メ得ヘシ[91]

全羅道は韓国有数の穀倉地帯であり、産業地であったため、以前から民間の日本人が進出を計画していたが、多くの義兵が活動していたため実行に移せず、義兵が鎮圧される時を待っていた。それが大討伐作戦により全羅道の義兵闘争が終息すると、早々と進出して、日本人資本の「殖産興業」に腐心したのである。さらに、「討伐行動ヨリ得タル余果」として、「韓国度支部ノ依頼ニ依リ、行動部隊ヲシテ補助貨幣ヲ散布セシメタルハ、将来、該貨ノ流通ヲ円満ニシ、貨幣整理上ニ裨益セシ所尠《すくな》カラストシテ、当局者ノ感謝セシ所ナリ」と述べているように、大討伐作戦は、従来、全羅道地域の義兵によって滞っていた、統監府が推進する「貨幣整理事業」の最後の障害物を取り除く役割を担ったのである[92]。これによって一九〇九年末、旧韓国貨幣の回収は終了することで貨幣整理事業は完遂され、韓国の貨幣・金融は日本に隷属した[93]。

一九〇九年七月六日には、以下の内容の「韓国併合ニ関スル件」及び「大韓施設大綱」が日本で閣議決定され、韓国を併合する方針が決まっており[94]、この

「南韓暴徒大討伐作戦」は、その併合へのプロセスとして計画されたのは時期・理由・結果からみても間違いない。

「韓国併合ニ関スル件」

帝国ノ韓国ニ対スル政策ノ我実力ヲ該半島ニ確立シ、之カ把握ヲ厳密ナラシムルニ在ルハ言ヲ俟《ま》タス。日露戦役開始以来、韓国ニ対スル我権力ハ漸次其大ヲ加エ、殊ニ一昨年、日露協約ノ締結ト共ニ同国ニ於ケル施設ハ大ニ其面目ヲ改メリト雖モ、同国官民ノ我ニ対スル関係モ亦、未夕全ク満足スヘカラサルモノアルヲ以テ、帝国ハ今後益《ますます》同国ニ於ケル実力ヲ増進シ、其根底ヲ深クシ、内外ニ対シ争フヘカラサル勢力ヲ樹立スルニ努ムルコトヲ要ス。而シテ此目的ヲ達スルニハ、此際、帝国政府ニ於ケル左ノ大方針ヲ確立シ、之ニ基キ、諸般ノ計画ヲ実行スルコトヲ必要トス。

第一、適当ノ時期ニ於テ韓国ノ併合ヲ断行スルコト。韓国ヲ併合シ、之ヲ帝国版図ノ一部トナスハ半島ニ於ケル我実力ヲ確立スル為、最確実ナル方法タリ。帝国カ内外ノ形勢ヲ照ラス、適当ノ時期ニ於テ断然併合ヲ実行シ、半島ヲ名実共ニ我統治ノ下ニ置キ、且韓国ト諸外国トノ条約関係ヲ消滅セシムルハ、帝国百年ノ長計ナリトス。

第二、併合ノ時期到来スル迄ハ、併合ノ方針ニ基キ充分ニ保護ノ実権ヲ収メ、努メテ実力ノ扶植ヲ図ルヘキ事。

前項ノ如ク併合ノ大方針既ニ確定スルモ、其適当ノ時期到来セサル間ハ、併合ノ方針ニ基キ我諸般ノ経営ヲ進捗シ、以テ半島ニ於ケル我実力ノ確立ヲ期スルコトヲ必要トス。

韓国に対する帝国政府の大方針決定せられたる上は、同国に対する施設は併合の時機到来する迄、大要左の項目に依り之を実行することを必要なりと認む。

「対韓施設大綱」

第一、帝国政府は既定の方針に依り、韓国の防御及秩序の維持を担任し、之か為に必要なる軍隊を同国に駐屯せしめ、且、出来得る限り多数の憲兵及警察官を同国に増派し、十分に秩序維持の目的を達すること。

第二、韓国に関する外国交渉事務は、既定の方針に依り之を我手に把持すること。

第三、韓国鉄道を帝国鉄道院の管轄に移し、同院監督の下に南満洲鉄道との間に密接なる連絡を付け、我大陸鉄道の統一と発展を図る事。

第四、成るへく多数の本邦人を韓国内に移植し、我実力の根底を深くすると同時に、日韓間の経済関係を密接ならしむる事。

第五、韓国中央政府及地方官庁に在任する本邦人官吏の権限を拡張し、一層敏活にして統一的の施政を行ふを期する事。

この大討伐作戦は、将来の韓国併合を見据えた、軍事的・精神的・経済的な大侵略作戦であったといえる。

この作戦の踏襲した、「撹拌《かくはん》的方法」による攻勢と懐柔策の並行により、「成功」を収めた「南韓暴徒大討伐」の作戦方式は、一九一〇年八月の韓国併合以降も引き継がれた。例えば、韓国併合後の一九一一年九月下旬から一一月初旬にかけて、韓国北部の黄海道において行われた大規模鎮圧作戦は、歩兵第一三旅団長の指揮下、歩兵一六個中隊、騎兵二個中隊、憲兵警察官約八〇人を動員し、「南韓暴徒大討伐」とまったく同じ方式で行われたものであった。[95]

一方、この大討伐作戦は、憲兵の一般警務への介入を遅らせた側面もあった。それは「民籍調査」との関係である。「民籍調査」[96]とは、いわゆる戸口調査で、統監府が統治の円滑化を図るために必要なものとして、一九〇九年三月四日に法律第八号の「民籍法」を公布し、本格的な調査に乗り出したものである。調査の意図はともかく、調査の内容は現在の戸口調査と変わらず、調査の基本は「人民ノ申告ニ依ルノ主義」としていたが、自発的に応じる人は少なかった。そのため「今日ノ実情ニ徴スルニ蓋シ机上ノ空想ニ止マラン乎《か》」と判断し、「警察官ニ於テ一般戸口ノ実査ヲ為シ、其ノ移動ニ従テ之ヲ整理スヘキ」と、警察を動員して実際に一戸一戸直接調査を行うとした。申告を怠るとか、虚偽の申告をした者に対しては罰金、笞刑、懲役まで科すことになっている、強制的な調査であった。この調査を担当したのは警務局であったが、この「実地調査ニ関シテハ、憲兵ヲモ警察官ト合同シテ之ニ膺《あた》ラシメ、実地ノ状況ヲ鑑ミテ其ノ区域ヲ定メ、憲兵ヲシテ全国戸口ノ約三分ノ一ヲ担当セシメタリ」と、駐韓憲兵隊が大きな役割を担っていたのである。[97]しかし、「警察ト憲兵共同」で当たるといっても、「調査員ノ調査能力如何《いかん》ヲ考フルニ、日人巡査及憲兵補助員ハ調査ノ方法ヲ了解スル能ハス、然而《しかりしこうして》、日人巡査ハ韓人巡査ト組合ヒ、憲兵ハ補助員ト組合ヒ、各二人若《もしく》ハ三人ノ調査員トモ云フヘキ編成ヲ為サ、ルヘカラルノ不便アルガ故ニ、之ヲ全国ニ対スル事業ノ総量ヨリ見ルトキハ、二倍乃至《ないし》三倍ノ力ヲ要スルコト、ナルナリ」と、共同調査はかえって不便で、努力を浪費するものであると不満を漏らしていた(98)。この調査の開始は七月か九月に行う予定であったが、「南韓暴徒大討伐作戦」の開始によって予定は大幅に遅れることになり、さらに徴税に使うためとか、また大討伐作戦と関連して、犯罪調査のためのものであるという「浮説流言」のため(99)、年内に終了する計画であったにもかかわらず、一九一〇年の五月まで延ばされることになったのである(100)。実績が欲しかった憲兵側には痛手であったといえよう。

小　括

一九〇八年以降、日本軍による義兵虐殺の国際問題化により、伊藤統監は義兵鎮圧方針を変更せざるをえなくなった。従来の守備隊や憲兵隊による武力弾圧一辺倒の政策から、義兵帰順奨励、韓国皇帝南北巡幸、といった懐柔策を重視する政策へと転換していったのである。憲兵隊は帰順政策の中心機関として活躍し、ある程度成果を収めた。しかし、その間にも守備隊による虐殺行為は依然として続いたことに留意すべきである。

韓国皇帝の巡幸が予期した成果を上げられなかったため、失望した伊藤は統監を退任し、副統監であった曾禰に交替するが、基本的に懐柔策は継承されていく。しかし、曾禰の統監就任によって方針は若干の変化をみせる。曾禰は大兵力による討伐によって膠着していた治安状況を打開しようとしたのである。「南韓暴徒大討伐作戦」は武力弾圧とともに、懐柔策という精神弾圧にも比重がおかれて行われた。作戦計画や討伐成果の統計からしても、従来の大討伐研究でいわれていたように武力弾圧だけを重視した作戦ではなく、義兵帰順奨励策を中心とする懐柔策も大きな役割を担っていた作戦であったのである。つまり「南韓暴徒大討伐」こそが「武力ト慰撫トヲ以テ恩威併行」[101]する日本の義兵鎮圧を象徴するような作戦であったのである。すでに韓国全国に分散され、一般警務にまで手を伸ばし、警察機関としての業務に力を入れていた駐韓憲兵隊は、この作戦において主導的な役割は担えなかったが、作戦中盤以降の偵察・捜索戦においては警察とともに大きな役割を果たした。

註

(1) 日本軍の「南韓暴徒大討伐作戦」についての代表的な先行研究としては、大討伐作戦実施の背景に軍事目的以外にも、全羅道地域における日本人資本の浸透に対する障害を除外するという経済的要因が強く作用していたことを明らかにした洪淳権『韓末 湖南地域 義兵運動史 研究』(서울大学校出版部、一九九四年)、大討伐作戦における守備隊・憲兵隊・警察の役割を総体的に把握しようと試みた辛珠柏「湖南義兵에 対한 日本軍・憲兵・警察의 弾圧作戦」(『歴史教育』八七、二〇〇三年九月)、韓国政府から帰順奨励のため派遣された宣諭委員・宣諭使について緻密に分析した洪英基『대한제국기 호남의병 연구』(일조각、二〇〇四年)等が挙げられる。

(2) 前掲『朝鮮憲兵隊歴史』二／一一。
(3) 同上。
(4) 同上。
(5) 前掲『朝鮮憲兵隊歴史』一／一一。
(6) 前掲『朝鮮憲兵隊歴史』二／一一。
(7) 一九〇八年二月五日、明石は陸軍大臣寺内にあてた書簡で、帰順者の傾向及び帰順勧告を目的とする宣諭委員の成績について報告している(前掲『寺内正毅文書』六―一一)。警察や宣諭委員の帰順奨励活動については、前掲『대한제국기 호남의병 연구』、三七〇～三七八頁参照。
(8) 前掲『朝鮮憲兵隊歴史』二／一一。
(9) 同上。
(10) 「憲兵補助員設置ノ由来及其ノ成績概況書」(前掲『千代田史料』六二一)の「抑モ補助員ニハ元解散兵アリ、旧官吏アリ、商アリ、農アリ、又暴徒タリシ帰順者(現在三十七名)アリ」という記述のように、義兵帰順者も憲兵補助員の重要な構成員であった。
(11) 前掲『明石元二郎』上巻、四二四～四二五頁。
(12) 「討伐隊司令権」(『福岡日日新聞』一九〇八年五月一六日)、前掲『朝鮮憲兵隊歴史』二／一一。
(13) 「統監帰朝真相」(前掲『福岡日日新聞』一九〇八年五月一六日)、「統監辞任の説」(『福岡日日新聞』一九〇八年五月三〇日)。
(14) 実際伊藤は一九〇八年七月に帰朝した際、日本政府に統監辞任を申し出たという(一九〇九年四月一四日付原敬の日記〈岩壁義光・広瀬順晧編『原敬日記』第一巻、北泉社、一九九八年、三〇五～三〇六頁〉)。
(15) 「韓民誤殺事件」(『福岡日日新聞』一九〇八年一〇月一五日)。
(16) 「誤殺事件真相」、同上、一九〇八年一〇月二五日。

(17) 伊藤が当時日本軍の虐殺行為をどのように恐れていたかは一九〇八年六月二一日の「陸軍将校招待席上伊藤統監演説要領筆記」（前掲『倉富勇三郎文書』）によく表れている。

(18) 「憲兵隊不関」、同上、一九〇八年一〇月一六日。

(19) 春畝公追頌会『伊藤博文伝』下巻（同会、一九四〇年）、八〇〇〜八〇一頁。

(20) 「韓皇陛下 巡幸 日程表」（前掲『駐韓日本公使館記録』三五、四頁）。

(21) 「韓国皇帝陛下의 伊藤統監 同行北方巡幸日程通報 件」（同上書、七二頁）。なお韓国皇帝の南北巡幸に関しては前掲『韓国併合史の研究』（三三七〜三三九頁）と趙景達氏（『異端の民衆反乱——東学と甲午農民戦争』、岩波書店、一九九八年、四二八〜四三〇頁）の研究が挙げられる。

(22) 第一回巡幸における皇室側の随行員は一一一人（「八、韓国皇帝南巡関係書類（一二七五一）西南巡幸関係書類（一二七五五）」、二〇一〜二〇五頁）、第二回は一二九人であった（「九、韓国皇帝西巡関係種類一・二・三（一二七五二〜一二七五四）」、二九四〜三〇〇頁）。

(23) 「伊藤統監 演説要領」（前掲「八、韓国皇帝南巡関係書類（一二七五一）西南巡幸関係書類（一二七五五）」、二六七〜二六八頁）。

(24) 前掲「八、韓国皇帝南巡関係書類（一二七五一）西南巡幸関係書類（一二七五五）」、「九、韓国皇帝西巡関係種類一・二・三（一二七五二〜一二七五四）」。内部警務局『（警察月報第九号付録）巡幸警務彙纂』一九〇九年四月、六八〜七三頁。

(25) 「韓皇南韓巡幸中海軍ニ関スル記事」（「八、韓国皇帝南巡関係書類（一二七五一）西南巡幸関係書類（一二七五五）」）（前掲『統監府文書』九、二三九〜二四〇頁）。

(26) 一九〇九年二月一七日、曾禰副統監あての菊池理事官の報告（理発第一六〇号「西北巡幸後의 民心動向 追加報告」、前掲『駐韓日本公使館記録』三五、一四二頁）。

(27) 「伊藤統監 演説後의 韓民의 反響및 奉迎状況」（前掲「八、韓国皇帝南巡関係書類（一二七五一）西南巡幸関

係書類（一二七五五）」、二六三～二六四頁）。
(28) 統監府書記官小松緑あての内部警務局長松井茂の報告（高秘発第十五号「皇帝陛下 南巡後의 各地方 民心動向 報告의 件」、前掲『駐韓日本公使館記録』三五、一九五頁）。
(29) 一九〇九年一月二五日、曾禰荒助副統監あての岡喜七郎内部次官の報告（前掲「皇帝陛下 巡幸時 平安南北道民의 動静報告 件」（前掲「九、韓国皇帝西巡関係種類一・二・三（一二七五二～一二七五四）」）三二六頁）。
(30) 義発第七七号「皇帝 義州巡幸時 日章旗 切断事件調査 件」（同上、三四四頁）。
(31) 「皇帝巡幸時 平南臨時事務所 爆発事件 捜査結果報告 件」（同上、三三五頁）。
(32) 理発第九九号「統監演説ニ対スル民心ノ意響報告」（同上）、三三七頁。
(33) 田中隆一「韓国併合と天皇恩赦大権」（『日本歴史』六〇二号、一九九八年七月）、八八頁。
(34) 一九〇九年二月七日、伊藤統監あての平壌理事庁理事官菊池武一報告（理発第一一〇号「皇帝陛下 西北巡幸에 대한 一般民의 反応에 関한 件」、前掲『駐韓日本公使館記録』三五、一二八頁）。
(35) 「皇帝陛下 西北巡幸後의 民心動向 追加報告」（前掲『駐韓日本公使館記録』三五、一四三頁）。
(36) 前掲『韓国併合史の研究』、三四七頁。
(37) 前掲「朝鮮植民地化の過程における警察機構（一九〇四～一九一〇年）」、一四五～一四六頁。
(38) 曾禰が憲兵隊の増員を何回も日本政府に要請していることからも、その憲兵重要路線は明らかであると思われる（曾禰発寺内陸相あて書簡、一九〇八年二月一五日〈前掲『寺内正毅文書』二八九―二〉、一九〇九年一二月六日〈同上、二八九―四〉）。
(39) ここでいう大臣会議とは「韓国施政改善ニ関スル協議会第四十九回」を指す。その「大臣会議筆記」は、前掲『日韓外交資料集成』六・下、一〇〇九頁に所収。
(40) 「韓国施政改善ニ関スル協議会第五十回」（同上、一〇一七～一〇一八頁）。（表6）、（表7）の期限が一九〇八年一〇月までになっていることもそのためである。

(41)「韓国施政改善ニ関スル協議会第七六回」(同上、一二三六〜一二三七頁)。
(42)「暴徒殲滅方針」(前掲『福岡日日新聞』、一九〇九年七月一日)。
(43)「韓国施政改善ニ関スル協議会第七八回」(前掲『日韓外交資料集成』六・下、一二三八〜一二三九頁)。
(44)『朝鮮駐箚軍歴史』(金正明編『日韓外交資料集成　別冊一』、巌南堂書店、一九六七年、四六頁)。
(45)同上、四六〜四八頁。なお、『密大日記』によれば第九師団は六月二日に、第四・第一五・第一・第三・第一八師団(掲載順)は六月八日に臨時韓国派遣隊編成完了の報告がなされている(防衛省防衛研究所図書館所蔵『密大日記』M四二―二)。
(46)前掲『朝鮮駐箚軍歴史』、四七頁。
(47)「南韓暴徒大討伐概況」臨時韓国派遣隊司令部、一九〇九年(前掲『千代田史料』六二三)。
(48)前掲「南韓暴徒大討伐実施報告」(前掲『駐韓日本公使館記録』三四、九三頁)。
(49)「大討伐実施ノ必要」(「南韓暴徒大討伐実施報告」『駐韓日本公使館記録』三四、九二頁)。
(50)洪淳権、前掲書、一三六頁。氏は日本の経済侵略として、在韓日本人地主、商人による民間資本の進出や、統監府による「貨幣整理事業」の一環である新貨幣の流通などを挙げている。
(51)前掲『駐韓日本公使館記録』三四、八一〜八八頁。
(52)一九〇九年八月一四日、「南韓大討伐実施計画」(「南韓大討伐実施計画其他(一二七五七)」(前掲『統監府文書』九、三八九頁))。
(53)前掲「南韓暴徒大討伐概況」。
(54)前掲『朝鮮暴徒討伐誌』、一五〇頁。
(55)前掲「南韓大討伐実施計画」(「南韓大討伐実施計画其他(一二七五七)」)、三九〇頁。
(56)前掲「南韓暴徒大討伐概況」。
(57)「韓国施政改善ニ関スル協議会第八十回」(前掲『日韓外交資料集成』六・下、一二六六〜一二六七頁)。

(58) 「韓国暴徒討伐ニ関スル件 八月三十一日 二ノ五」(国立公文書館所蔵『公文雑纂』一九〇九年、第一九巻、二A—一三—纂一一二三)。
(59) 臨時韓国派遣隊司令部「南韓暴徒大討伐実施報告」一九〇九年一〇月二七日(前掲『駐韓日本公使館記録』三四、九八〜九九頁)。
(60) 「明治四十年九月軍司令官ノ告示」(韓国駐箚軍司令部「韓国暴徒ノ景況」一九〇八年一月、前掲『千代田史料』六二三)。
(61) 前掲「南韓暴徒大討伐実施報告」(前掲『駐韓日本公使館記録』三四、九六頁)。
(62) 前掲「南韓暴徒大討伐概況」。
(63) 前掲『朝鮮暴徒討伐誌』、一六五〜一六六頁。「実施ト計画トノ差異」(前掲「南韓大討伐実施計画其他(一二七五七)」)、三九〇頁。結局、途中でまた一一月三〇日まで延長された。
(64) 前掲「南韓暴徒大討伐実施報告」(前掲『駐韓日本公使館記録』三四、九六頁)。前記したとおり、まったく同じことを伊藤は駐箚軍将校らに力説していた(前掲「陸軍将校招待席上伊藤統監演説要領筆記」)。
(65) 一九〇九年九月二五日、警務局長松井茂あての警察部長宮川武行報告(高秘収 第一二三二号、前掲『暴徒ニ関スル編冊』〈『韓国独立運動史』資料一五、五三〇〜五三一頁〉)。
(66) 黄玹著・朴尚得訳『梅泉野録』、国書刊行会、一九九〇年、六二六頁(一部筆者改訳)。
(67) 前掲「南韓暴徒大討伐実施報告」一〇六〜一〇七頁。
(68) 『靖国神社忠魂史』第四巻、靖国神社社務所編纂兼発行、一九三五年、九四二頁。
(69) 前掲「韓国施政改善ニ関スル協議会第八十回」、二二六七頁。
(70) 前掲「南韓暴徒大討伐実施報告」(『統監府文書』九、四〇六頁)。
(71) 前掲「南韓暴徒大討伐概況」。
(72) 同上。

(73) 前掲「南韓暴徒大討伐実施報告」(『統監府文書』九、四二〇～四二三頁)。
(74) 同上、三九〇頁。
(75) 同上、四〇一～四〇二頁。前掲「南韓暴徒大討伐概況」。
(76) 前掲「南韓暴徒大討伐実施報告」(『統監府文書』九、四〇八頁)。
(77) 同上、四〇三頁。
(78) 同上、四〇八頁。
(79) 「第九節　九、十月ノ暴徒」(前掲『朝鮮憲兵隊歴史』三／一一)。
(80) 前掲「南韓暴徒大討伐実施報告」(『統監府文書』九、四一九頁)。
(81) 「韓国ニ於ケル軍事警察状況報告ノ件」(陸軍省『密大日記』M四一―四〈防衛省防衛研究所所蔵〉)。
(82) 「大久保大将談話」(『福岡日日新聞』一九〇九年一二月一七日)。
(83) 「暴徒首魁割拠地区及其部下一覧表」(前掲「南韓暴徒大討伐実施報告」、三九八～三九九頁)。
(84) 前掲「南韓暴徒大討伐実施報告」(『統監府文書』九、三九八～四〇〇頁、四一一頁)。
(85) 前掲『千代田史料』四七一。
(86) 前掲『朝鮮暴徒討伐誌』一五〇頁。
(87) 「捕虜暴徒使役」(前掲『福岡日日新聞』、一九〇九年一一月一四日条)。
(88) 一九〇九年一一月二六日、高秘訓第三五号(『韓国独立運動史資料』一六、国史編纂委員会、一九六八年、一六七～一六八頁)。
(89) 湖南地域義兵のついては、韓国の義兵運動史の蓄積に詳しい。前掲『韓末　湖南地域　義兵運動史　研究』、前掲『大韓帝国期　湖南義兵　研究』など。
(90) 前掲、『大韓帝国期　湖南義兵　研究』三八〇～三九〇頁。
(91) 前掲「南韓暴徒大討伐実施報告」(『統監府文書』九、四一一～四一二頁)。

(92) 同上、四一二頁。
(93) 統監府の「貨幣整理事業」については、姜徳相「朝鮮貨幣整理事業に関する研究ノート」(『駿台史学』一七、一九六五年九月)を参照。
(94) 『日本外交文書』四二―一、一四四号、一七九〜一八〇頁。
(95) 前掲『朝鮮暴徒討伐誌』、一七六頁。
(96) 「民籍法」(内部警務局『民籍法ノ説明 付同執行心得』(松田利彦監修『松井茂博士記念文庫旧蔵 韓国「併合」期警察資料』五、ゆまに書房、二〇〇五年に所収)、一一頁)。
(97) 朝鮮総督府『朝鮮ノ保護及併合』一九一七年(金正明編『日韓外交資料集成 八』、巌南堂書店、一九六四年〈復刻版〉)、二四七頁。
(98) 同上、一三〜一四頁。
(99) 統監府書記官内部書記官兼警視岩井敬太郎調査『韓国ノ戸籍ニ就テ』(前掲『松井茂博士記念文庫旧蔵 韓国「併合」期警察資料』五に所収)、一四頁。
(100) 前掲『朝鮮ノ保護及併合』、二四七頁。
(101) 前掲「南韓暴徒大討伐実施報告」(前掲『駐韓日本公使館記録』三四、九六頁)。

第 4 章

韓国併合期における
駐韓日本軍憲兵隊

一九〇九年末の「南韓暴徒大討伐作戦」により、韓国国内における義兵闘争は急激に収束へ向かった。また、日本の韓国併合断行には消極的であったといわれる最大の障害物、元老伊藤博文も韓国人運動家安重根に倒された。[1] 一九一〇年一月には伊藤の後継者であった曾禰も病気のため日本に帰国し、まもなく統監を辞職した。閣議決定「韓国併合ニ関スル件」で記された「併合ノ時期到来」である。次期統監になった寺内正毅には、韓国併合を実施する前に、事前にやっておかなければならない重要急務があった。韓国警察権の奪取と、憲兵と警察の統一である。義兵武装闘争の収束により、排日民衆運動や民族言論が韓国併合にとって最大の脅威になったのである。それらを取り締まるためには憲兵による高等警察を全国で効率的に施行する必要があった。しかし、そのためには以前から職掌・管区の問題でもめてきた韓国警察を、憲兵の指揮・監督下において一括的に運用しなければならなかった。そのための憲警統一である。この「憲兵警察制度」は、軍組織である憲兵が行政組織である警察を指揮・監督し、一般警務まで掌握し、事実上の軍政、戒厳令の施行であった。一九一〇年代が「武断政治」あるいは「憲兵政治」期といわれるゆえんである。この成立をめぐっては以前から憲兵と警察間で対立が起きていた。そのような憲兵側と警察側の対立を、その代表者等の言説を通して分析し、韓国併合時の状況と併せて見ながら、憲警統一の真の狙いについて明らかにするのが本章の目的である。[2]

第1節　「憲兵警察制度」の成立

1　憲警統一をめぐる軍と警察の対立

韓国警察の系統は複雑であるため、まず、韓国の警察機構はいかなるものであったかについて簡単に触れておきたい。憲兵警察制度によって憲警統一がなされる以前、統監府支配下の韓国には日本による二つの警察機構が存在していた。すなわち韓国警察と韓国駐箚憲兵隊である。韓国警察は、一九〇七年一〇月二九日の「警察事務執行に関する日韓取極書」調印による警察合併までは、顧問警察と理事庁警察に分かれていた。(3) 理事庁警察の前身は領事館警察であり、一九〇六年一二月二〇日、勅令第二六七号「統監府及理事庁官制」の公布により、領事館が廃止され、新たに理事庁が設置されたことで、その名称が理事庁警察に代わったものであった。(4) 一般的に領事館警察とは、日本が領事裁判権の存在を理由に、韓国、中国、タイの各領事館に付設した外務省警察であり、在留日本人の保護・取締りを目的として設置された警察である。(5) 確かに初期には「居留民極メテ僅少ナリシカ故ニ警察事故少ナク、当時ノ職務ハ公使及ヒ領事ノ警護ニ過キスシテ其人員モ亦少数(6)」であった。しかし、日本の韓国侵略が本格化される日露戦争を経て、在韓日本人数の飛躍的な増加に伴い、領事館警察は機構・人員ともに拡張された。領事館警察は、日本が領事裁判権を韓国の司法権全体に拡張し、その権限行使を保証する力としての警察を韓国政府に認めさせたものであった。
一方、顧問警察は、一九〇四年、日露戦争中、韓国に強制的に調印させた「第一次日韓協約」によって始まった、いわゆる「顧問政治」に端を発する。韓国の警察権を奪取しようとする日本の思惑は、一九〇四年当時の在韓日本公使であった林権助の次のような記述によく表れている。

時局ノ発展ニ伴ヒ邦人ノ渡韓者各地方著シク増加シ、今後一層増殖スベク、随テ之ガ保護及取締上我警察権ノ拡張ヲ要スベキ義ハ、過般、案ヲ具シ警察官配置個所ヲ予定シ、意見ヲ上申シ置キタル處、尚、本使我警察権ノ拡張ト共ニ韓国警察権ヲ漸次我方ニ収ムル手段トシテ、中央警察庁ニ我警視中事務熟練ノ人物一人ヲ顧問トシテ採用セシメ、之ニ若干ノ補助員ヲ附シ、之ヲ以テ中央警察事務ノ整理ニ当ラシメ、同時ニ十三道観察府ニ各一名ノ我警視及数名ノ巡査ヲ採用セシメ、地方警察事務ヲ整頓セシムルノ途ヲ講ゼシメテハ如何ヤト思考ス。[7]

この案は、一九〇五年一月一九日、警視庁第一部長である警視丸山重俊が、警務顧問としてソウルに赴任することによって実現される。[8] 丸山は「警察事務ノ改善刷新」という名目の警察権剝奪作業を強引に進めた。[9] 丸山は三月二五日に日本人警部七人を「招聘」したことを皮切りに、次々と日本人警察官を韓国に投入、ソウルをはじめとして全国に配置し、先に引用した林の案を見事に実現、日本警察の拡張及び韓国警察の従属化を図った。

【表11】日韓警察機関統合時の各系統警察官数（1907年11月1日）

		警視	警部	巡査	計
韓国人警察	韓国警察	22	88	2,982	3,092
	皇宮警察	9	15	382	406
日本人警察	理事庁警察	5	42	500	547
	顧問警察	21	78	1,205	1,304
総計					5,349

出典：『朝鮮ノ保護及併合』p.180より作成。

一九〇六年二月統監府が設置されると、顧問警察は本格的に拡張されはじめる。丸山は、伊藤博文統監の支援の下、[10] 同年六月に「第一期警務拡張計画」、一九〇七年七月に「第二期警務拡張計画」を推進し、組織と人員を拡大した。[11] 韓国警察は顧問警察の拡張によって、少しの増員こそはあったが、事実上韓国警察機関と顧問警察は「異名同体ニシテ互ヒニ相表裏セル」[12] ものになっていった。

このように同じ日本警察機関が二つ並立していたことから、業務範囲や経費などが重なるという問題が生じていた。そこで一九〇七年二月、統監府は両者に「相互其ノ職務ヲ幇助《ほうじょ》セシムル」ため、理事庁警察官を顧問警察官に嘱託するとともに、また顧問警察官をして理事庁警察官たる職務を兼摂させることにしたのである。[13] この措置によりある程度事務の統一や人員の配置、経費節減などの効果は出たが、根本的な解決にはならず、同年七月二四日の「第三次日韓協約」と、一〇月二九日の「警察事務ノ執行ニ関スル取極書」の調印によって、すべての顧問警察官及び理事庁警察官が、そのまま韓国政府の警察官吏として任用されることになって解決された。[14] これにより日本の警察機関同士及び韓国の警察機関は制度上統一され、韓国警察というのは名だけで、事実上日本の警察になったのである。

【表 12】警察官人数表（1907～1909 年）

		警視	警部	巡査部長	巡査	その他	計
1907 年	韓国人	12	54	124	2,052	13	2,255
	日本人	21	75	255	1,162	41	1,554
1908 年	韓国人	7	66	107	2,551	27	2,758
	日本人	23	85	228	1,320	49	1,705
1909 年	韓国人	0	80	131	3,088	39	3,338
	日本人	14	115	203	1,684	79	2,095

出典：『第四次朝鮮総督府統計年報』pp.274-275 より作成。

このように、同じ文官警察の職権問題が複雑な状況であった上に、さらに武官警察である憲兵隊が一般警察権にその権限を拡大しようとすることから、トラブルが起こるのは当然であろう。すでに一九〇六年一一月一四日の段階で、「各機関トモ其ノ職掌ニ熱心ノ余、動《やや》モスレハ相互ノ連絡ヲ欠クコトナキニアラス」状態であったため、協力一致を促す以下の内容の内訓が、統監伊藤から韓国駐劄憲兵隊やその他の機関に発せられるほどであった。

〔前略〕韓国在任ノ帝国官吏ハ其ノ文官タルト武官タルト、又、其ノ職務ノ帝国ニ属スルト韓国ニ属スルトニ論ナク、苟《いやしく》モ員ニ備ハル者ハ韓国施政ノ改善ニ資スルヲ以テ服務ノ綱要トシ、各庁部局互ニ意志ノ疏通ヲ図リ協心一致事務ノ修挙ヲ期スヘク、軽佻《けいちょう》事ヲ誤リ外国ノ侮慢ヲ招キ漫《みだり》ニ権威ヲ弄《ろう》シテ韓人ノ怨嗟《えんさ》ヲ買フカ如キハ、本官ノ断シテ採ラサル所ナリ。各位ハ両国ノ関係ニ鑑《かんが》ミ、向テ職責ノ重キヲ顧ミ、細心事ニ当リ、帝国ノ経営ヲシテ克《よ》ク有終ノ美ヲ済《な》サシメムコトヲ努ムヘシ[15]。

これは、前述した二月の「韓国ニ駐箚スル憲兵ノ行政警察及司法警察ニ関スル件」や、八月以降の軍政・軍律の廃止に伴う高等軍事警察の実施により、憲兵隊が普通警察の領域まで踏み入ってくることが多かったことをうかがわせる。当時の駐韓憲兵隊は、伊藤統監の顧問警察拡充の方針により、その名を「第一四憲兵隊」と改称し、権限も縮小された時期であった。憲兵隊は「特ニ京城内外ニ於ケル高等軍事警察ニ尤モ力ヲ用ヰ」ていたため、「他ノ機関ヲ援助シ、若《も》ハ《しく》監視スルノ態度ヲ執」るという、いわば「干渉」がたびたび行われていたと思われる。[16] 憲兵と警察の対立が本格化するのは、明石元二郎が駐韓憲兵隊長として赴任してきてからである。大佐であった明石を抜擢し、少将に昇進させて駐韓憲兵隊の長に送り込んできたのは、寺内正毅陸軍大臣である。前述したように、寺内は、「臨時憲兵隊」の韓国派遣にも関与していると思われる人物である。「一般軍人とは唯外面に現はれた皮相の処置をなすに過ぎぬ。謂《い》はゞ外科手術に止まる。憲兵こそは真に内的で、事前に其れを知り、未発に之を防遏《ぼうあつ》する」[17]。これは、明石の憲兵隊長就任の時に、寺内が言った言葉であるが、寺内の憲兵観をよく表しているため注目に値する。事前に異常を察知し、予防するのが憲兵、つまり高等警察こそ憲兵の本務だと寺内は思っていたのである。「寺内氏は豫《かね》て《お》よりの主張にて、憲兵本位論のことは伊藤公にも曾爾子爵にも一日も速かに之を実行すべき旨を促し居られし次第なり」[18]といわれているように、寺内は一貫して駐韓憲兵隊に警察権をすべて担当させるべきであると主張してきた。前述した有力な憲兵重視論者であった長谷川好道が、一九〇八年一二月に韓国駐箚軍司令官の任から退いたため、以後は寺内が憲兵重視論の中心となったと思われる。その寺内に、明石はヨーロッパ駐在武官時期における対ロシア謀略工作の功績を買われ、憲兵隊長として選ばれたとされる。[19] その謀略的手腕と思想戦の経験が期待されていたことは言うまでもない。この人選からも、寺内がいかに高等警察にこだわっていたかがうかがえる。明石は寺内の腹心の部下として、その手腕を存分に使いながら、まずは憲兵隊機構・権限拡張のため腐心したのである。

第2章で述べたように、韓国駐箚憲兵隊は、一九〇七年八月から高揚した義兵闘争と、守備隊による義兵・住民虐殺問題に対応する形で、伊藤統監の警察機関拡張の代案として機構拡張の契機を得た。明石はそのチャンスを生かし、義兵帰順奨励策、憲兵補助員制を成功させ、また、義兵鎮圧においても成果を残した。「拡張後ノ我憲兵隊ハ交通、斥候及郵便物ノ護衛ハ勿論、捕虜及嫌疑者ノ取調、帰順者ノ招撫及監視、良民ノ保護及取締、自衛団組織ノ奨励、官民旅行者ノ護衛等ニ一層ノ努力ヲ要スルニ至リ、其ノ多忙殆ント名状ス可ラス」(20)と憲兵側が自賛しているほどである。それらの実績をもって、明石は、憲警統一をなし、すべての警察権を憲兵に握らせようとしたのである。

しかし、明石が進めた憲兵隊の権限拡張と機構拡張によって、同じ警察事務を担う韓国警察との間にいざこざが絶えず起きていた。そのために、一九〇九年一月一九日、明石は、寺内あての書簡の中で、「元来、憲兵と警察の勢力平衡は甚だ不都合」とし、「韓国の治安は、今後、更に一層の警戒を要するに方《あた》り、今日の如く憲兵と警察とが両立し、又、憲兵は武官たるの関係より、自然行政府との接触に其便を失ひ、統監府は警視総監或は警務局長と寧ろ相接近する如きあらば誠に不都合」と、憲兵と警察が並存している状況下では、文官である統監が、同じく文官組織である警察を重視しかねないと危惧している。(21)続いて、「憲兵の働きは法文上に於て殆《ほと》んど遺憾無之《これなき》様被定《さだめられ》あるも、韓国における之れが使用の方法に至ては遺憾の点頗《すこぶ》る多く、為めに警察官と重複して配置せられ、或は重複して同一の勤務を為す事有之《これあり》、此使用上の不都合は大なる不経済を生じ、又、往々下僚の暗闘を生ずる」とし、「要するに憲兵警察の統一は常に必要とする所にて、又、将来に一層大なる必要に遭遇する」と、憲兵と警察の統一を強調している。前述したように、駐韓憲兵は、勅令によって、「治安維持ニ関スル警察」権、つまり高等警察権が与えられているにもかかわらず、それを十分に行使できない現状に不満をもち、憲警統一によって解決しようとしていたのである。「将来に一層大なる必要」とは、韓国併合を想定していることは明らかである。したがって、「憲兵と警察官とを打って一団と成し、軍司令官が之を圓轄《ママ》せらるる事、最も可然歟《しかるべきか》」であるとしている。武官である憲兵主導による統一をなし、その指揮権も統監から軍司令官に移すことで、統監の干渉から逃れようとしたのである。

しかし、このような憲警統一案は、伊藤や、その後継者である曾禰が統監職にいる間は受け入れられなかった[22]。この案が通るのは寺内陸相が統監を兼任することになってからのことである。その理由は、憲警統一に対する批判が、被支配者側の韓国人からはもちろん、支配者側である日本人側からも起こっていたためであると思われる[23]。憲警統一は、その内容というものが事実上軍政・戒厳令であり、日本の学者、官僚らエリート階層が夢見ていた「近代国家」、「文明国」とはかけ離れた制度であったためだと思われる。とりわけ、明石の憲兵主導の憲警統一案に対し、真っ向から反対していたのが、一九〇七年八月から、韓国警察の事実上の責任者である内部警務局長の任に就いていた松井茂であった。松井は警察法専門の法律学者であり、「警察行政の基礎は、之を内務行政の下に置き、民衆を本位とすべきことが必要である[24]」と述べている人物であった。松井にとって警察事務は必ず内務行政の下にあるものでなければならなかった。それはもちろん法律論によるものであるが、松井が前述の日韓協約によりいわゆる「日韓警察合併」したことについて、韓国の警察は「頗《すこぶ》る文明国の警察組織の体を備えた」と論じたことや、「警察は全く軍隊司法より分化し、現時の文明国に於ける如く、内務行政の重要なる一部を形成するに至つたのであります。唯、他の国と異る点は、警察制度が憲兵制度と稍《やや》其性質を同くし、互に併立して存在するの結果として、法制上両者の関係に就きては、頗る疑問の存する点なきにしも非ずであります[25]」と述べていたこと等から、「文明国」にこだわりをもっていたと読み取れる。要するに松井の法律論というものは、あくまで形式的、制度的に合法であればよく、他の「文明国」から批判さえされなければよいというようにも解釈できる。松井は、韓国政府から日本政府に委託、あるいは委任するとかいう形さえとれれば、それが強制的、あるいは一方的なものであっても、不法的なものでなければ何の問題もないと思っていた人物で、そういう面から伊藤とは同じ線上の人物であったと思われる。

そのような松井の目から見ると、彼の任官早々、憲兵隊が一般警察権の領域に踏み込んでくることや、軍隊組織と行政組織を一つにしようとする憲警統一の構想が、どのように見えていたかは容易に想像できる。憲兵側が、前述した一九〇七年一〇月の勅令三二三号の第一条「韓国ニ駐箚スル憲兵ハ主トシテ治安維持ニ関スル警察ヲ掌リ」という条項を、日本の保護国である韓国の警察は、駐箚憲兵隊の指揮下に従属するものだと拡大解釈し、また、韓国民に対する警察権行使の論拠としていたのに対し、松井は、「政治上或は軍事上よりする意見としてならば別であるが、是等は日韓両国の協約文を見れば勅令が示す範囲も自ら明かなことであり、日本の勅令に依て韓国政府の警察機関が憲兵の指揮下に入るべきものでもない」と法律論に依拠して反論している。(26) そして、「即ち勅令に示された憲兵の治安維持の任務とは暴徒討伐等の事を意味するもの」であると述べ、憲兵隊の任務に普通警察任務は含まれていないと主張した。(27) 松井は、駐韓憲兵隊が韓国政府の警察権を執行できる権限が生じたのは、上記の勅令によるよりも、むしろ一九〇七年一一月に、韓国の李完用総理大臣が伊藤統監に、韓国政府の警察権執行に際し、必要ある場合には韓国駐箚軍日本憲兵隊の援助を求める旨の書面を送り、統監がそれを承認したことからであるとし、「しかも其の権限の行使は韓国政府が必要と認めて援助を求めたる場合に限らるることは言う迄もない」と、その憲兵隊の権限の限界に釘を刺している。(28)

松井が考える警察行政は、「警察は内務行政の線に沿ひ、之と一系の下に置かるべきものであることは余の夙《つと》に唱道するところにして、殊に韓国に於ける如く民心の特徴に接触すべき必要のある処に於ては、文官を以てする警察官の増員拡充を図り、治安の維持に携はることが最も肝要」であるという文官警察中心ので、「其の力の足らざる時に於てのみ憲兵、或は軍隊の援助に俟《ま》つべきである」とした。(29) 義兵闘争の鎮圧においても「勿論、暴徒の蜂起に対しては軍事力に依つて之を鎮圧せねばならぬが、一面、其の根本を刈除《かいじょ》せんとする為めにはただ武力に頼つて真向から断圧をのみ事とするよりも、寧ろ民心の機微に浸透して自《おの》づと感化誘導するに如《し》くはなく、而してそれには文官系統の警察官に依るを優《まさ》れりとなすこと申す迄もない」(30) と述べ、松井は文官警察の方がもっと効果的な対処ができると信じていた。例えば「韓国ニ於ケル外国人宣教師カ、其韓国人ト同化シテ成功セル如ク」であると。(31)

松井は以上のような立場から、明石と伊藤に対し、「第一、憲兵と警察を分離し、之を道に依りて区画すること」、「第二、憲兵の本務は主として暴徒鎮圧に従事し、行政警察、司法警察事務に関しては、韓国警察官吏より随時其の援助を求むること」という二つの案を提示し、憲兵・警察両者の折衝を求めた。しかし、高等警察権を認めず、憲兵の職権を著しく制限しようとする案を明石が認めるわけがなく、伊藤の了承も得られなかった。(32)特に、伊藤は松井に対し、「松井、韓国の警察組織を憲兵本位となしては如何《いかん》」と説得していたとされ、前述したように、伊藤も憲警統一の方に傾いていたことがわかるのである。ただ、統監設置直後は文官警察拡充の方針をとってきた経緯から、そして、名分と国際世論にこだわる伊藤としては、法律論や文明国論に依拠した松井の反発にも理解を示していたため、これ以上の措置はとれなかったと思われる。松井も「伊藤統監に於ても随分痛心苦慮せられた」と、伊藤の苦悩ぶりを記している。(33)一九〇八年七月には、憲兵と警察の対立を解消すべく、伊藤は憲兵側からは明石を、文官警察側からは岡喜七郎内部次官を呼び寄せ、次のような内容の協定案を作成させた。

第一条、憲兵は韓国の司法警察に在りては、主として国事犯、兇徒嘯集《しょうしゅう》及集合、強盗犯等、安寧静謐《せいひつ》に関する犯罪の捜査検挙に任ず。行政警察に在りては、主として前項の予防警察に属する事項を掌《つかさど》る。

第二条、前条に規定する憲兵の主掌《しゅしょう》事項以外の行政警察及司法警察は警察官の主掌とす。

第三条、憲兵及警察官は各主掌事項に対し共助する為め、互に必要なる通報を為《な》すべきものとす。

第四条、公共の利益の為め事情目前に迫り、他の官憲に通報するの遑《いとま》なき時に於て必要なる時は、其の主掌の区分に拘《かかわ》らず臨機必要の処分をなすべし。此の場合に在りては之を当該主掌官憲に通報すべきものとす。

第五条、警察官の配置なき地方に在りては、憲兵に於て警察官の主掌に属する当該事務をも執行す。憲兵の配置なき地方に在りては、警察官に於て憲兵の主掌に属する当該事務をも執行す。

第六条、憲兵隊長は第一条に規定する職務を執行するに当たり、必要なる場合にありては警察官を指示し、又憲兵将校をして警部以下を、准士官以下をして巡査を指揮することを得。

第七条、地方官憲より職務上に付正当の請求あるときは、憲兵は之に応ずるの義務を有す。

第八条、憲兵隊長は警察執行に関して意見あるときは、当該官憲に其の意見を通報することを得。(34)

一応、憲兵の高等警察権を認めているものであったため、協定はなされたものの、警察の責任者なのに呼ばれなかった松井には、警察が憲兵の指揮下に入るものとして受け止められ、明石にとっても警察に対する憲兵の指揮権のことで不満が残る内容であったため、結局、憲兵と警察間の対立は解消されなかった。憲兵がこだわる高等警察について松井はこう批判している。

或ハ説ヲナスモノアリ。高等警察ノ如キハ、苟《いやし》クモ保護国トシテ、被保護国ノ治安維持上最モ重要ノ事務ニ属ス故ニ、之ヲ以テ保護国ノ警察主管タルヘキ憲兵ニ於テ之ヲ掌握スルハ其当ヲ得タルモノナリト。之レ亦警察ノ真相ニ通セサルノ論ナリ。謂《いわ》ユル韓国ニ於ケル高等警察トハ、陰謀、集会、結社、新聞紙等ノ取締ニシテ、殊ニ排日思想ノ傾向ヲ偵察検挙スルヲ以テ第一義トナス。而シテ其何《いず》レノ種類タルトヲ問ハス、今日ノ実況ハ、事、苟《いやし》クモ日本ノ関係スル点ハ直接日本人警察官ノ系統ヲ通シテ之ヲ専行シ居ルノ実状ナリ。彼ノ新聞紙ノ押収《おうしゅう》処分ノ如キ韓国内部大臣ノ名ヲ以テ之ヲ行フト雖モ、其実ハ小官等カ直接之ヲ取捨シテ処分ヲナシ居リ、又、高等警察ノ本義ハ、日韓協約ノ趣旨ニ反シテ帝国ノ国是ニ違フモノアレハ、之ヲ厳重ニ処分スルノ方針ヲ採リ居ル次第ナリ。況《いわ》ンヤ治安警察ト云フ高等警察ト称スルモ、等シク内務行政ノ一部ニシテ、表面上内部大臣及観察使ノ職権ノ範囲ニ帰属スルコトハ毫《ごう》モ疑ノ存スル所ニ非ルナリ。(35)

松井は、内務行政の一部である高等警察を憲兵が主管しようとするのは間違っているとし、韓国における高等警察権は、「表面上」内部大臣と観察使が行うべきものであるとしている。

一方、憲兵が高等警察を行うことに関連し、興味深い文書がある。作成者、作成年度は不明であるが、軍務局歩兵課の書類の中に入っていたものがあり、「別紙決定案」として上記の協定案が添付されていることや、一九〇七年を昨年と記していることから、同じ時期のものと思われる、内容は次のとおりである。

警察権ニ依リ韓国ノ治安ヲ維持セントスルニハ、韓国ニ於ケル警察権ノ統一ヲ図ルヲ必要トス。此主旨ニ原《もとづ》キ、昨年十月勅令第三百二十三号ヲ以テ韓国駐箚憲兵ノ制ヲ設クルト共ニ、多大ノ憲兵ヲ派遣シ、該憲兵ヲシテ統監指揮ノ下ニ保安警察ヲ一任シ、韓国ノ安寧秩序ヲ維持セシムルニ至レリ。故ニ設令《たとひ》憲兵隊ノ外、別ニ韓国所属ノ警察官ヲ置クトスルモ、右ハ憲兵ノ職務ヲ補助セシムルカ、然ラサレハ、普通ノ行政警察事務ニ従事セシムルニ止マルヘキモノナリ。殊ニ韓国警察官ハ制度上統監ニ隷属セサルヲ以テ、統監ニ於テ之カ監督指導ヲ為《な》ス為ニハ、韓国警察官ヲ統監直隷警察機関タル憲兵ノ監督ノ下ニ属セシムルハ順序上当《まさ》ニ然ル可キ所ナルヘシ。〔中略〕然ルニ目下、韓国ニ於ケル警察ハ、統監ニ隷属セル憲兵ト韓国内務部ニ属スル警察官ト同一地方ニ近存シ、相対立シテソノ職務ヲ執行シ、而モ其職域明確ナラス、且、之ヲ統一スル連鎖ナキヲ以テ職務執行上競争ヲ生シ、到底良好ナル成績ヲ挙ケ難キハ勿論、警察事務ノ進捗《しんちょく》ニ伴ヒ、二者共ニ其人員ヲ増加セサルヲ得サルノ不都合ヲ来シ、茲《ここ》ニ憲兵及警察官ノ警務上職域ヲ定ムルカ、憲兵ノ助務ニ関スル別紙決定案ヲ見ルニ至レリ。〔中略〕韓国ニ於ケル警察機関ノ関係ヲ円満ニシ、警察権ノ確立ヲ期スル為ニハ、駐箚憲兵ヲ置キタル当初ノ主旨ヲ貫徹シ、韓国警察官ヲ廃スルカ、又ハ憲兵ヲシテ少クトモ司法警察及之ニ関スル行政警察ノ全般ニ亘《わた》リ警察官ヲ監督指示スルノ権限ヲ付与シ、以テ警察権ヲ統一スルノ手段ヲ採ルノ外ナシ。[36]

この文によると、やはり、前述した「韓国ニ駐箚スル憲兵ニ関スル件」の第一条にある「治安維持ニ関スル警察」とは、「保安警察」、つまり、高等警察を意味するものであることがわかる。そして、最初から憲警統一を目的に、韓国駐箚憲兵隊を復活させ、多くの憲兵を増員してきていたこともわかるのである。伊藤の意図もこれと同じであるとは限らないが、少なくとも軍側は、憲警統一を実行し、高等警察を憲兵に担当させることを、「当初ノ主旨」としていたことは明らかである。また、面白いのは、憲兵の方が統監に隷属しており、警察は制度上統監に隷属しないと強調している点である。

松井は日本に帰っている伊藤に「萬一、憲兵にして警察官を指揮せしめる様の事と相成候ては、韓国の治安維持上如何やと存候。小官は徒《いたず》らに自己の警察の職に在るの故を以って云爲《うんい》するに非らず。今日、自己の治安維持上の職責上より目撃したる所信に対して、徒らに黙視する如きは、甚だ不忠なりと信じ、敢て此の言をなす所以《ゆえん》に御座候。閣下願くは赤誠のある所を諒察され賜らんことを[37]」と書簡を送り、憲警統一反対の意を表明した。曾禰が統監になった後も、一九一〇年二月に「韓国警察ニ関スル意見書」を提出し、また寺内が統監になることが決まった後も、同じものを寺内に送り、「憲兵ヲシテ警察官ヲ指揮セシムルカ如キハ、独リ警察ノ気風ヲ墜下セシムルノミナラス、統一ヲ望ミテ却テ今ニ倍スルノ悪結果ヲ奏スルナキカ」と、最後まで憲警統一に反対し続けた[38]。

松井は、憲兵が普通警察任務を行うことに対しては、前述（四七〜四八頁）したように、「文明国」であるフランスをはじめ、ヨーロッパでは珍しいことではなかったためか、法律論に基づく批判を展開しながらも、結局は譲歩の姿勢も示したが、韓国警察を憲兵の指揮下におこうとする憲警統一案に対しては譲れなかったのである。

明石は、一九〇九年八月に憲兵隊長の任を解かれ、兼任していた韓国駐箚軍参謀長の任だけを務めることになる。これは「南韓暴徒大討伐作戦」の開始を目前としている時期であり、とりあえず守備隊主導のこの作戦に集中するためなのか、伊藤・曾禰の意思によるものなのかは不明であるが、理由はともあれ、松井の激しい抵抗のために、伊藤、曾禰が統監にいた時期には憲警統一ができなかったのも事実である[39]。

一方、同じ法学者で、しかも国際法専門の秋山雅之介の場合はいかなるものであったかを見てみる。秋山は、松井とは違って、「秋山君と寺内といふものは、殆ど蔭になり日向になり、終始附き纏ったやうな形になってをった。寺内が最も足りないところの法律的の知識を補ったのは秋山君であり、また朝鮮の併合以来、諸種の法規を完備されたのも秋山君であったのである」といわれるように(40)、寺内の腹心のひとりで、陸軍省参事官の任にあった人物である。秋山は明石、軍事課長田中義一とともに、憲兵警察制度の成文化作業を担当したにもかかわらず、その審議の席で「国疆とか、内地人の居住なき寂寞《せきばく》の地方とか、若《も》しくは暴徒の出没する危険な地方などには憲兵を配置することは、当時の事情止むを得ずとするも、之は、皇化の普及とともに次第に其数を減すべきもの」と述べているように(41)、日本の韓国統治が安定すれば、憲兵を減らすべきだと考えていた。後日、松井が「氏〔秋山〕の所説は頗《すこぶ》る穏健にして、たまたま予の説とも適合している点の少くなかった(42)」と話していることからも、そう推測される(43)。

また、軍務局歩兵課においても、「韓国憲兵ヲシテ治安警察ニ関スル警察機関ト為《な》セルハ、普通警察機関未ダ整頓セザルガ為、臨機ノ処置ニ出ヅルモノニシテ、将来ニ向テ永ク継続スベキ制度ニアラズ。本来、憲兵ハ軍事警察ヲ主トスル機関ナルヲ以テ、朝鮮ニ於ケル警察制度ヲ確立スルニ当タリテハ、同地駐箚憲兵モ成ルベク本来ノ系統ニ復セシムルヲ至当ナリトス」と、憲兵本来の軍事警察任務から逸脱し、高等警察の方へ傾くのを危惧し、早期に復帰すべきとする意見書も出ていたのである(44)。

2 「憲兵警察制度」と駐韓憲兵隊

以上のように、日本側の官僚からも反発を受ける憲警統一案であったが、一九〇九年一〇月二六日、最大の障害物であった伊藤博文がハルビンで韓国人安重根によって射殺された事件や、一九一〇年一月三日、曾禰が病気を理由に日本に帰国してからは、急スピードで事態が進むことになる。同年五月三〇日には、寺内が統監に任命され、陸軍大臣と兼職することになり、それとともに、憲兵業務から離れていた明石も、六月一五日に再び韓国駐箚憲兵司令官に任命されるようになったのである。憲兵隊長ではなく、憲兵司令官にである。それは六月一五日を期し、駐韓憲兵隊の本部を昇格させ、司令部が設置されたためである。明石が赴任する度に駐韓憲兵隊の格が上がっていく形である。前述したように、寺内はもともと憲兵による憲警統一に積極的であり、寺内自身が「本官就任ノ当初、先ヅ警察制度ヲ統一シ、治安ノ保全、秩序ノ維持ヲ適確《ママ》ナラシムルコト極メテ緊要ナルヲ認メ、此ニ韓国憲兵ノ制度ヲ改正シ、憲兵警察彼此《ひが》統一機関ノ下ニ活動シ、其ノ業務ニ些ノ扞格《かんかく》ナキヲ期セリ[45]」と述べているように、統監就任最初の目標を憲警統一と決め、それを推し進めるための措置であった。六月二二日、東京からソウルに赴任してきた明石は、この寺内の統監就任によって念願の憲警統一の制度化作業に着手できるようになったのである[46]。これによって、「寺内伯は豫《かね》てより、憲兵本位論であったので、予〔松井〕の説は到底容れられるべくもなく、遂に敗北に帰し[47]」というように、明石の赴任直後、松井は警務局長を辞任することになる。「軍隊と警察とは其間自ら区別がある[48]」と信じ、法律論の観点から終始一貫、文官警察を警察行政の主とすべく、明石と対立してきた松井であったが、統監となった寺内には逆らえなかった。そして日韓政府間の「警察権委託覚書」締結という松井がこだわっていた法律的に「合法」な手段により、憲兵と警察は統一されることになったのである。

明石は、東京にいる寺内から韓国の警察権剝奪に関する草案を携えてきて、ソウルにいる総務長官事務取扱の石塚英蔵参与官に託したが、その内容は以下のように韓国警察権の奪取に関するものであった。

韓国ニ於ケル現時ノ情勢ニ鑑ミ、本国政府ハ憲兵一千名ヲ増派シ警察力ノ不足ヲ補フト共ニ、治安ノ維持ヲ完ウセンガ為メ韓国政府ノ警察機関ヲ統監府ニ移シ、憲兵ト相合シテ韓国ニ於ケル警察事務ノ統一ヲ図ラントス。此目的ヲ以テ韓国政府ヲシテ其事務ヲ挙ゲテ日本政府ニ委託ノ手続ヲ為サシメ、其経費ハ当分ノ内韓国政府ヲシテ支出セシムルコトニ付、別紙案件ニ基キ明石少将ト打合セノ上、韓国内閣総理大臣ニ対シ、統監ノ訓令ニ依リ協議ヲ為スモノナルコトヲ明言シ、遂ニ之ヲ承諾セシムルコトニ付充分ナル措置ヲ執ルベシ。尚、本件ノ経過並ニ韓国政府ノ意向等ニ付テハ一々電報ヲ以テ統監ニ報告シ、重要ナル問題ニ付テハ更ニ統監ノ指揮ヲ承《う》クベシ(49)。

明石の赴任をもって、一気に警察権奪取、憲警統一を実現しようとするものであった。別紙に記された内容は以下のとおりである。

韓国ニ於テハ警察官及憲兵相補援共同シテ警察事務ヲ執行スベキモノナルニ、其所属ヲ異ニスルノ故ヲ以テ時ニ或ハ連絡ヲ欠キ機宜《きぎ》ヲ失スルノ慮《おそれ》ナシトセズ。因《よっ》テ其ノ執務ノ統一ヲ計ランガ為メ、警察官及憲兵ニ関スル制度ヲ左ノ通改ム。

一　警察事務ヲ挙テ日本政府ニ依託セシムルコト。但シ其経費ハ本年度警察費予算額ヲ限度トシテ韓国政府ヨリ支出スルコト。

二　統監府ニ新ニ警務総監ヲ置キ、憲兵司令官ヲ以テ之ニ充テ、統監ノ指揮監督ヲ承ケ全国ノ警察事務ヲ総括セシムルコト。

三　警視庁及警務局ヲ廃シ、其所轄事務ハ警務総監部ニ於テ之ヲ取扱フコト。

四　各道憲兵隊長ヲ以テ道警務部長ニ充ツルコト。

五　警察官、分署又ハ巡査駐在所ナキ地点ニ於テハ、憲兵分隊又ハ分遣所ニ於テ其事務ヲ執行スルコト。

六　警察ニ関スル費用ハ当分ノ内韓国政府ノ負担トシ之ヲ経理セシムルコト。

七　従前ノ憲兵補助員ハ之ヲ憲兵隊ノ付属員トスルコト。

八　在韓国帝国臣民ニ対スル警察事務ノ執行ニ関スル明治四十年十月二十九日ノ取極書ハ当然廃止セラルルコト。

九　新ニ巡査補ヲ置キ憲兵補助員ト同一ノ取扱ヲナスコト。

十　従来、韓国警察官署ニ於テ使用セル土地建築ハ、総テ其侭《まま》日本政府ニ使用セシムルコト。韓国政府ニ於テ警察官署ノ使用ニ充《あ》ツルノ目的ヲ以テ建築中ノモノ、又未ダ建築ニ着手セザルモ其予算ノ成立セルモノニ付テハ、総テ其建築ヲ終リタル上、之ヲ日本政府ニ使用セシムルコト。[50]

このあまりにも一方的な条文は、韓国の閣僚等の反対にはあったものの、結局、文面の修正作業を経てこの要求は受け入れられ[51]、一九一〇年六月二四日には、以下の「警察権委託覚書」が調印されることになった。

日本国政府及韓国政府ハ韓国警察制度ヲ完全ニ改善シ、韓国財政ノ基礎ヲ鞏固ニスルノ目的ヲ以テ左ノ条款ヲ協定セリ。

第一条　韓国ノ警察制度ノ完備シタルコトヲ認ムルトキ迄、韓国政府ハ警察事務ヲ日本国政府ニ委託スルコト。

第二条　韓国皇宮警察事務ニ関シテハ、必要ニ応シ宮内府大臣ハ当該主務官ニ臨時協議シ処理セシムルコトヲ得ルコト。

右各其ノ本国政府ノ委託ヲ承ケ覚書日韓文各弐通ヲ作リ、之ヲ交換シ、後日ノ証トスル為、記名調印スルモノナリ。[52]

この覚書の調印によって、それまで有名無実ではあったが、形としては存続してきた韓国の警察権は、日本に「委託」され、制度上完全に日本に奪われてしまったのである。そして、同年六月二九日には、勅令第二九六号をもって「統監府警務官署官制」が公布され、七月一日には韓国警察官官制は全廃される。新官制の内容は以下のとおりである。

第一条　統監府警務官署ハ統監ノ管理ニ属シ、韓国ニ於ケル警察事務ヲ掌ル。
第二条　統監府警務官署ハ警務総監部、警務部及警察署トス。
第三条　警務総監部ハ之ヲ京城ニ置ク。韓国ニ於ケル警察事務ヲ総理シ、兼ネテ皇宮及京城ノ警察事務ヲ掌ル。
第四条　警務部ハ之ヲ各道ニ置ク。道内ノ警察事務及管内警察署ノ監督ヲ掌ル。警察署ハ必要ノ地ニ之ヲ置ク。管内ノ警察事務ヲ掌ル。警務部及警察署ノ位置及管轄区域ハ統監之ヲ定ム。
第五条　統監府警察官署ニ左ノ職員ヲ置ク。

警務総長		勅任
警務官	専任二人	奏任　内一人ヲ勅任ト為スコトヲ得
警務部長		奏任
警視	専任五十二人	奏任
警察署長		
通訳官	専任三人	奏任
技師	専任一人	
警察医	専任六十八人	奏任又ハ判任

属 警部 技手 通訳生	専任三百五十七人	判任

第六条　警務総長ハ韓国駐箚憲兵ノ長タル陸軍将官ヲ以テ之ニ充ツ。警務総長ハ警務総監部ノ長ト為リ、統監ノ命ヲ承ケ部務ヲ総理シ、警務官署ノ職員ヲ指揮監督ス。

第七条　警務官ハ上官ノ命ヲ承ケ部隊ヲ掌ル。

第八条、警務部長ハ各道憲兵ノ長タル憲兵佐官ヲ以テ之ニ充ツ。警務総長ノ命ヲ承ケ部務ヲ掌理シ、部下ノ職員及警察署ノ職員ヲ指揮監督ス。

第九条、警務総長ハ京城ニ、警務部長ハ其ノ管内ニ効力ヲ有スル命令ヲ各員ノ職権又ハ委任ニ依リ発スルコトヲ得。

第十条　警察署長ハ警視又ハ警部ヲ以テ之ニ充ツ。上官ノ命ヲ承ケ署務ヲ掌理シ、部下ノ職員ヲ指導監督ス。

第十一条　警視ハ上官ノ命ヲ承ケ警察事務ヲ掌リ、部下ノ職員ヲ指揮監督ス。

第十二条　通訳官ハ上官ノ命ヲ承ケ翻訳及通訳ヲ掌ル。

第十三条　技師ハ上官ノ命ヲ承ケ技術ヲ掌ル。

第十四条　警察医ハ上官ノ命ヲ承ケ警察ニ関スル医務ヲ掌ル。

第十五条　属ハ上官ノ指揮ヲ承ケ庶務ニ従事ス。

　警部ハ上官ノ指揮ヲ承ケ警察事務ニ従事シ、部下ノ職員ヲ指揮監督ス。

　技手ハ上官ノ指揮ヲ承ケ技術ニ従事ス。

　通訳生ハ上官ノ指揮ヲ承ケ翻訳及通訳ニ従事ス。

第十六条　警察官署ニ巡査及巡査補ヲ置ク。巡査ハ判任官ノ待遇トシ、巡査補ノ取扱ハ憲兵補助員ニ準ス。巡査及巡査補ニ関スル規定ハ統監之ヲ定ム[53]。


これにより、韓国駐箚憲兵隊の長である明石は、警察の長である警務総長を兼任することになり、各道に駐屯している憲兵隊長（小・中佐）は各道の警務部長を兼任し、その下に憲兵隊員と、今までの韓国警察の職員がともにおかれることになった。そして、同日公布された勅令第三〇二号「統監府警務総長、警務部長、警視、警部ノ任用及分限ニ関スル件」により、「韓国ニ在勤スル憲兵将校は統監府警務総長、警務部長又ハ警視ニ、憲兵准士官下士ハ統監府警部ニ特ニ之ヲ任用スルコトヲ得」ると定められ[54]、在韓憲兵司令官以下、下士官までが警部以上の警察官になれるように規定された。寺内・明石らが目指していた憲警統一が遂に実現し、韓国における警察機関は、駐韓憲兵隊によって指揮・監督を受けるようになったのである。これは、前述した長谷川好道の「韓国一円ニ亘《わた》リ軍政ヲ布クカ、或ハ軍事警察ヲ一般ニ拡張スル[55]」構想の実現でもあった。

一方、この制度の施行とともに問題になるのが、憲兵という武官が警察という文官を兼任することになったことからくる命令関係である。そのために七月一日をもって韓国駐箚憲兵隊の配置が改正され、「警察官ヲ各開港市場等ノ市街地及鉄道沿線付近、其ノ他ノ各邑〔村に相当〕等ニ充用スルニ対シ、憲兵ヲ軍事警察又ハ賊徒鎮定ニ重キヲ置ク各地方ニ配置スルコト」を方針とし、憲兵と警察の配置が重複するのを避けようとした[56]。同日、寺内は統監として警務総長である明石に以下の「訓示」を与え、憲兵、警察間に問題が起こらないよう厳命した。

〔前略〕於是警察機関ノ完成ヲ要スルヤ一層緊切ナルニ至レルヲ以テ、更ニ憲兵隊ノ威力ヲ増加スルト共ニ、憲兵及警察官カ各其ノ所属系統ヲ異ニセル従来ノ制度ヲ改メ、憲兵司令官ヲ警務総長ニ、各道憲兵隊長ヲ警務部長ニ充《あ》テ、以テ其ノ統一ヲ図レリ。推《おも》フニ韓国治安ノ維持ハ憲兵及警察官ノ力ニ待ツ。爾後、軍事警察ニ渉ルモノヲ除クノ外、両者其ノ任務ヲ均《ひとし》フシ、其ノ命令モ亦一途ニ出ツヘキヲ以テ、其ノ間、秋毫《しゅうごう》ニ杆格《かんかく》ヲ容レス、相補援シテ一致ノ行動ヲ執ルヘキ勿論ナリ。〔中略〕常ニ彼我意思ノ疎通ヲ図リ、文武官孰《いず》レノ官ヲ問ハス、当該上長ノ命令ニ服従シ、誠実ニ其ノ職掌ノ遂行ニ尽クスヘキモノトス〔後略〕[57]

憲兵固有の軍事警察職務以外は、警察と憲兵が互いに協力一致して執務を行うと同時に、上司の命令には文官、武官を問わずに従うよう指示している。しかし、警察はともかく、軍人である憲兵が、警察階級が上の文官警察から命令があった場合、それに素直に服従するかが問題であったと思われる。同日、同じ主旨の訓示が、今度は陸軍大臣としての寺内から、明石憲兵隊司令官へ与えられた。

韓国駐箚憲兵隊ハ今回時勢ノ要求ニ伴ヒ、著シク其ノ兵力ヲ増加シ、其ノ職域ヲ拡張セラレタリ。之カ為、将来、韓国治安維持ノ責任ハ憲兵隊ノ負フ所重且《かつ》大ヲ加エタリト謂《い》フヘシ。故ニ憲兵ハ爾来、職務ニ従事スルコト益勤勉ニ自ラ持スルコト一層厳正ナルヲ要ス。而シテ之ニ長タル者ハ能ク部下ヲ督励シテ、内、軍紀風紀ヲ振粛スルト共ニ、外、韓国ノ畏敬ト信服トヲ獲得スルコトハ、治安ノ実績ヲ収ムル為必須ノ要件タルヲ銘肝スヘシ。治安維持ノ方針並治安警察ノ目的ニ関シテハ、既ニ統監ヨリ懇切ナル訓示アリシト雖、文武官共同シテ意思ノ疎通ヲ図リ、相協力シテ以テ有終ノ効果ヲ収メムコトハ、特ニ注意ヲ望ム所ナリ、即チ憲兵ニシテ其ノ職務ヲ執行シ、若《もしく》ハ警察官ノ職務ヲ兼攝スル場合ニ於テハ、命令者ノ文官タルト武官タルトヲ以テ、其ノ任務ノ復行ニ二途ナキヲ期セサルヘカラス。蓋シ軍人ハ其ノ職責上任務ノ服行確実ナルヲ以テ名誉ト為ス。苟《いやしく》モ人ニ応シ行ヒヲ異ニスルカ如キハ、其ノ職責ニ違反シ、自ラ名誉ヲ毀損スルモノタルヲ覚悟セサルベカラス。要スルニ韓国統治ノ前程ハ遼遠ナリ、貴官ノ奮励ト部下各官ノ努力ヲ待ツ所頗《すこぶ》ル多シト為ス。貴官ハ克《よ》ク本官ノ意ヲ体シ、如上ノ主旨ヲ普《あまね》ク部下ニ徹底セシメ、以テ所望ノ効果ヲ収ムルヲ期スヘシ。(58)

韓国併合実現という「有終ノ効果」を収めるために、憲兵が警察としての職務を行う際には、上官が文官であれ、武官であれ、その命令には従うよう厳命すると同時に、これに従わない行為は、軍人としてあるまじき行動であり、韓国統治に支障をきたすものであると繰り返し警告している。憲兵と警察の間に、その職掌をめぐり争いが絶えなかった従来の経緯上、この問題が目前の韓国併合に支障をきたさないよう、かなり注意していたことがわかる。七月五日、この寺内の厳命に従い、明石も各道警務部長たる各憲兵隊長に対し、「本官ハ部下ノ憲兵タルト警察官タルト、日人タルト韓人タルトヲ問ハス、〔寺内の〕訓示ノ趣旨ヲ服膺《ふくよう》シ、同心協力ヲ以テ警務機関ノ運用ヲ全フシ、其ノ実績ヲ挙クルヲ期ス」(59)と「訓達」を出し、日本人憲兵、韓国人憲兵補助員、日本人警察、韓国人警察が入り混じっている状態であっても、同じ警務機関として協力し合うように指示した。

さらに、七月一二日、寺内は訓令を出し、「韓国行政各部ト密接ナル連絡ヲ保持スルニ止マラス、又、帝国官憲特ニ各理事官ト相補援シ、以テ内外人ノ保護及取締ニ関シ毫《ごう》モ遺憾ナキヲ期スヘシ」と、憲警統一と関連して日韓官庁間の協力も指示した。また、特記すべきは、この訓令の中で、「今回、警察ノ首脳ヲ憲兵ニ置キタルカ為、或ハ武力ヲ擁シ権威ヲ濫用スル如キ疑惧ノ念ヲ懐ク者ナキヲ保セス。此ノ際、特ニ意ヲ用ヒ深ク民情ヲ洞察シ、寛厳其ノ宜シキニ適ヒ、以テ改善ノ本意ヲ貫徹スルニ努ムヘシ」(60)とし、憲警統一の目的が、武力行使のためではなく、「深ク民心ヲ洞察」、つまり高等警察の施行にあると述べている点である。これを反映して行われたのが、翌日の七月一三日、統監府訓令第一四号の「警務総監部分課規定」制定である。これにより、警務総監部には総監官房課、機密警務課、保安課が設置されるが、とりわけ機密警務課の設置は、駐韓憲兵隊の本質に関わるため注目する必要がある。この機密警務課は、「集会、結社、新聞紙及雑誌、出版物及著作物ノ取締リニ関スル事項ヲ初メ、其ノ外一般ノ高等警察上ノ査察ニ関スル事務」を担当する。[61]高等警察専担部署であったためである。「南韓暴徒大討伐作戦」によって義兵武装闘争はほとんど終息し、韓国併合に向けての最大の障害物は排日結社・団体の民衆運動となった。これらを監視し、取り締まることで、蜂起を事前に予防する高等警察の役割こそ、最も重要な課題であった。この課の設置によって、憲兵と警察の高等警察をまとめて管轄できるようになったのであり、これは韓国併合の前に必ず整えておかなければならなかったのである。高等警察を統合管理する機密警務課は、まさに「憲兵ノ主力トスル組織」であり[62]、このために憲警統一を行ったといっても過言ではない。七月二九日、明石憲兵隊司令官は、各道警務部長を兼任している憲兵隊長に対し、以下の「訓達」を出して、憲兵執務に関する分類を指示した。

爾今、左記警察事項ハ、其ノ報告出所ノ所属如何《いかん》ニ拘ラス、憲兵隊長トシテ憲兵隊司令官ニ報告シ、其ノ他ハ警務部長トシテ警務総長ニ報告スルコトトシ、概ネ分類スルヲ以テ自今報告ノ際、署名及宛先ハ之ニ準拠スヘシ。但シ其ノ材料ノ供給ハ憲兵タルト警察タルトヲ問ハス、同一ニ各自ノ職責トシテ之ヲ行ハシムヘシ。

一、軍事警察ニ関スル事項。
二、政治的陰謀ニ関スル事項。
三、注意スヘキ外国人ノ行動ニ関スル事項。
四、暴徒、暴動ニ関スル事項。
五、国境警備ニ関スル事項。

六、軍事上ノ必要ニ基ク諸調査報告。
七、管内状況報告。
八、官公吏ノ行為（憲兵、警察ノ系統ニ在ルモノヲ除ク）ニ関スル事項[63]。

ここでも、高等警察に関スル事項は、警務部長ではなく、すべて憲兵隊長として報告するようにと指示しているように、高等警察は憲兵隊の重要な専担職掌として位置付けられていたのである。憲警統一によって、「臨時憲兵隊」の韓国派遣以来、延々と続けられてきた職権・機構拡張が完成したが、その目的は、普通警察の一般警務をすべて担当するために行ったものではなく、滞りなく憲兵中心の高等警察を行うためであったといえる。

前述したように、軍は高等警察の施行にこだわってきた。「軍事警察」、「高等軍事警察」、「治安ニ関スル警察」、そして「機密警務」と、名称はさまざまに表されてきているが、要は高等警察の施行による治安維持体制の確立こそ、憲兵が目指してきた目標であったのである。

第2節　韓国併合における駐韓憲兵隊

1　韓国併合に備えた警備体制

本節では、韓国併合条約の調印に備え、日本軍・憲兵・警察がどのような警備体制を敷いて、予想される韓国民の蜂起を封じ込めようとしていたのかについて、憲兵の動きを中心に見てみる。

一九一〇年六月一日、寺内は桂太郎首相に以下の文書を送り、請議を求めた。

目下、韓国ニ於ケル警察機関ノ配備ハ頗《すこぶ》ル希薄ニシテ、警察官五千二百余人、憲兵二千三百余人、憲兵補助員四千五百人、計一万二千人ニシテ、之ヲ韓国ノ面積一万四千万里ニ割当テツレハ、一方里僅ニ八分六厘ノ配置ニ止マリ、内地ノ一人四分、台湾ノ二人四分ニ対比スルトキハ、警察力遥カニ及ハサル現状ニ有之候。随テ平時ニ於テモ、尚韓国ノ治安ヲ保持スルニ容易ナラサル次第ニシテ、此際、憲兵千人ヲ増加スルモ、尚一方里ニ付九分二厘ノ配置ニ止マリ、内地台湾ト比較スヘカラサル状態ニハ候得共、差当リ、憲兵将校以下千人増遣方御計相成候。此段及御依頼候也。(64)

寺内が不足しているというのは憲兵ではなく、「警察機関」と言っていることに注意が必要である。内地・台湾の場合、憲兵は少なく、圧倒的に警察官が多いにもかかわらず、わざわざ比較してまで、韓国における警察力の不足を訴えている。しかし増員を要求しているのは警察官ではなく憲兵である。これと矛盾する措置が、六月一七日、寺内が、「韓国駐箚憲兵隊編成換ノ為メ、此要員中ニハ同地ニ於テ、警察官タル予後備役下士兵卒ヲモ採用スルヲ有利ト認メタル」ことを理由に、韓国警察に在籍している警部・巡査職の予後備役を、憲兵に転科させようとしたことである。(65) これを行えば、憲兵の人数は増えるが、その分警察の人数は減るので、警察機関の増員にはならない。つまり、増員したいのは憲兵のみなのである。

この憲兵の増員に対応するため、同日、日本国内において、予備役・後備役の騎兵・歩兵・砲兵・工兵・輜重兵科の下士兵卒を対象に、採用予定人員は五〇〇人とし、七月二四日から一ヵ月間の教育を行い、憲兵へ転科させようと計画した。寺内の要求の半分であるが、八月三一日の谷田文衛憲兵司令官の報告によれば、実際に合格・採用されたのは四〇六人に減少している。(66) 残りの半分は、上記した韓国警察からの転科で充当したものと思われる。

一方、この転科による憲兵補充に関して、六月一〇日に「従来、他兵科ヨリ転科スル将校ハ、多クハ隊付将校ノ劣等者ナル如キ傾キ有之《これあり》、遺憾ノ点不堪、依テ此際、其候補者ハ特ニ人選ニ注意相成度」(67) と、軍事課より各師団参謀長へ通牒していた。今まで拡張に伴って補充された憲兵の質に問題があったことや、韓国併合という大事に備えるための今回の韓国派遣憲兵の補充については、細心の注意が払われていたことがうかがえる。憲警統一に伴う憲兵、警察間の円滑な協力体制をつくるためにも、人選には注意が必要であったと思われる。

このような憲兵増員は、もちろん憲兵警察制度の実施に伴うものであったが、その韓国警察権奪取と憲警統一は、二カ月後に迫った韓国併合に向けての警備強化措置でもあった。ここからは韓国併合条約調印に備えた守備隊・憲兵警察の警備体制について見てみる。まずは守備隊についてであるが、当時の韓国駐箚軍は北部・南部に守備管区が分かれており、北部守備管区は第二師団が、南部守備管区は二個連隊規模の臨時韓国派遣隊が守備を担当していた。北部管区司令官は、松永正敏陸軍中将で、ソウルの竜山に司令部があった。主力の駐屯地別に部隊配置を見てみると、咸鏡北道の羅南に歩兵第二五旅団司令部、歩兵第四連隊（第一大隊欠）、騎兵第二連隊（第一中隊欠）、野砲兵第二連隊（第六中隊欠）、同じく咸鏡北道の会寧に歩兵第四連隊第一大隊、工兵第二大隊（第一中隊欠）、咸鏡南道の咸興に歩兵第三二連隊本部並びに第二大隊と第一二大隊、同じく咸鏡南道の北青に歩兵第三二連隊第三大隊（第一二中隊欠）、同じく咸鏡南道の元山に歩兵第三二連隊第一大隊、平安南道の平壌に歩兵第三旅団司令部、歩兵第二九連隊本部並びに第二大隊と第一中隊、同じく平安南道の安州に歩兵第二九連隊第一大隊（第一中隊欠）、京畿道の開城に歩兵第二九連隊第三大隊、竜山に第二師団司令部、歩兵第六五連隊（第二大隊本部と二中隊欠）、騎兵第二連隊第六中隊、工兵第二大隊第一中隊、忠清北道の忠州に歩兵第六五連隊第二大隊（第五、第七中隊欠）が駐屯していた。[68]

そして、南部守備管区の司令官は、渡辺水哉陸軍少将で、司令部を慶尚北道の大邱においていた。主力の駐屯地別の部隊配置は、忠清南道の大田に臨時韓国派遣歩兵第一連隊本部並びに同第一大隊、全羅北道の全州に同第二大隊、慶尚北道の安東に同第三大隊、大邱に臨時韓国派遣隊司令部、臨時韓国派遣歩兵第二連隊本部並びに同第三大隊、全羅北道の南原に臨時派遣歩兵第二連隊第一大隊、全羅南道の光州に同第二大隊が駐屯していた。[69]

一九一〇年六月一日、羅南の騎兵連隊本部及び第二中隊をソウルの竜山に移動させたことを皮切りに、六月二一日には、羅南駐屯の歩兵第四連隊の一大隊（二中隊欠）と咸興駐屯の歩兵第三二連隊の一大隊（二中隊欠）機関銃中隊が竜山に向かって出発した。加えて、京畿道の朔寧、開城駐屯の歩兵第二九連隊の一大隊（二中隊欠）、そして、臨時韓国派遣隊の二大隊（二中隊欠）も六月中旬に竜山へ移動を開始する。これらの部隊は七月初旬までは竜山に集結し、ソウルの警備任務に当たった。[70] これらの部隊の規模は、本来、竜山に駐屯していた守備隊と合わせ、歩兵一五個中隊、工兵一個中隊、二六四六人程度で、[71]「南韓暴徒大討伐作戦」における動員部隊と同じ程度の規模であると思われる。義兵闘争がほとんど収束したとはいえ、韓国併合の断行で大混乱が予想される首都ソウルに配備する兵力としては、決して多いとは言えないものであったが、地方における混乱にも対応する必要があったため、これ以上の兵力を割くわけにはいかなかった。実際、ロシア、清国領内の韓国国境付近で活動中の義兵に、国内への越境の動きがあることも報告されている。[72]

憲兵隊は、前述した六月一五日の編成改正によって、ソウルに司令部を設置し、その下に一三個の憲兵隊を新設し、各分隊を統括させることになっていた。人員も新たに憲兵一〇〇〇人の拡張が決まり、憲兵三五〇三人と、憲兵補助員四四一七人の体制となった。[73]

なお、憲兵補助員は、その時までは韓国の勅令と規則に規定された存在であったが、一九一〇年六月二九日の勅令第三〇一号によって、一九〇七年一〇月の勅令三二三号「韓国ニ駐箚スル憲兵ニ関スル件」の第四条に「憲兵隊ニ憲兵補助員ヲ付属す。憲兵補助員ノ取扱ハ陸軍一、二等卒ニ準ス。憲兵補助員ニ関スル規定ハ統監之ヲ定ム」という条文が加えられ[74]、初めて日本の憲兵組織として規定されるようになり、これによって駐韓憲兵隊の基本的な体制は完成する。そして、一九一九年に憲兵警察制度が廃止されるまで、ほとんど変化なくこの体制を維持する。

この編成改正に基づき、七月一日よりその配置を改正し、全国に細かく分散配置された。京畿道の水原、忠清北道の清州、忠清南道の公州、全羅北道の全州、全羅南道の光州、慶尚南道の普州、慶尚北道の大邱、江原道の春川、咸鏡南道の咸興、咸鏡北道の鏡城、平安北道の義州、平安南道の平壌、黄海道の海州に憲兵隊本部を設置して、佐官を隊長とし、水原本部の下には水原・京城（第一・第二）・竜山・開城・楊州・驪州分隊を、清州本部の下には清州・鎮川・忠州・沃川分隊を、公州本部の下には公州・扶余・天安・礼山分隊を、全州本部の下には益山・南原・古阜・錦山分隊を、光州本部には長城・栄山浦・長興・順天・同福分隊を、普州本部の下には普州・居昌・馬山・釜山分隊を、大邱本部の下には大邱・金泉・咸昌・順興・英陽・清河分隊を、春川本部の下には春川・鉄原・金化・淮陽・襄陽・高城・三陟・蔚珍・寧越・原州分隊を、咸興本部の下には咸興・高原・元山・北青・端川・甲山・恵山鎮・長津分隊を、鏡城本部の下には羅南・富寧・吉州・慶興・訓戒鎮・会寧・茂山分隊を、義州本部の下には新義州・定州・楚山・漸川・江界・厚昌・中江鎮分隊を、平壌本部の下には江西・成川・長林里・安州・寧遠分隊を、海州本部の下には載寧・松木・遂安・延安分隊をおいて、尉官を長にした。そして、その下には憲兵分遣所と憲兵派遣所をおき、下士官を長にした。

【表 13】　京城周辺特別配置表

管轄分隊	新設出張所	上等兵	補助員	計
京城第 1 分隊	応達里	2	3	5
	朝云里	2	3	5
	春風亭	2	3	5
	忘憂里	2	3	5
	新店里	2	3	5
	箭串里	2	3	5
	斗毛浦	2	3	5
	有楊理	2	3	5
	栗園洞	2	3	5
	美仙里	2	3	5
	芦原里	2	3	5
京城第 2 分隊	造低里	2	3	5
	弘済院	2	3	5
	水色里	2	3	5
	一山里	2	3	5
	北院檣宮	2	3	5
竜山分隊	銅雀里	2	3	5
	鷺梁津	2	3	5
	馬粥巨里	2	3	5
	安陽村	2	3	5
	梧柳洞	2	3	5
	西氷庫	2	3	5
楊州分隊	楼院	2	3	5
合計	23 カ所	46	69	115

出典：『朝鮮憲兵隊歴史』3/11 より作成。

整理すると、全国に司令部一、憲兵隊一三、憲兵分隊七七、憲兵分遣所五二五、憲兵派遣所三がおかれたのである。末端組織であるすべての分遣所には、下士一人、上等兵三人、憲兵補助員六人が各々配置された[75]。七月三〇日には、統監府令第四一号の公布により、警察署がおかれていない地域に対しては、該当地域の憲兵分隊、または憲兵分遣所が代わりに警察署の事務を取り扱うことになった。八月五日には、統監府令第四三号をもって憲兵隊の管区配置を行い、分遣所以下を四一一区域に分けたが、[76] それと同時に統監府令第四二号に警察署の職務を行う憲兵分隊の管区は二八二区域となった。[77] つまり一三九の憲兵分隊区域では、警察署の職務を行わず、憲兵隊の職務のみを行うことにした。憲兵警察制度によって、すべての憲兵が警察業務を行ったわけではなかったということである。しかし、憲兵全体の約七〇%が警察業務を行うことになったことも事実であった。

一方、警察の場合は、八月五日の統監府告示第一七〇号により、警察署は全国一〇三カ所、すなわち漢城府（ソウル）には南部警察署、同署銅峴分署、同署東大門分署、北部警察署、同署水門洞分署、同署西大門分署、竜山警察署、そして皇宮警察署、京畿道には水原・永登浦・安城・仁川・金浦・江華・交河・開城警察署、忠清北道には清州・陰城・堤川・報恩・永同・槐山警察署、忠清南道には公州・大田・牙山・江景・鴻山・保寧・洪州・唐津・端山警察署、全羅北道には全州・鎮安・任実・井邑・高敞・茁浦・群山警察署、全羅南道には光州・谷城・麗水・康津・海南・木浦・霊光・済州警察所、慶尚南道には普州・河東・統営・馬山・昌寧・陜川・三浪津・釜山・蔚山・三千浦警察署、慶尚北道には大邱・星州・金山・慶州・永川・義城・安東・青松・盈徳・栄川警察署、江原道には春川・平昌・江陵・臨院津・通川・金城・平康警察署、咸鏡南道には咸興・西湖津・新浦・三水・元山・永興警察署、咸鏡北道には鏡城・北蒼坪・清津・雄基・成津警察署、平安北道には新義州・竜岩浦・宣川・寧辺・博川・新倉・小会洞・北鎮警察署、平安南道には平壌・順川・新安州・鎮南浦・広梁浦・徳川警察署、黄海道には海州・夢金浦・長連・黄州・端興・新渓・南川警察署がおかれた。そして、九八カ所の警察署（皇宮警察署、開城警察署、三千浦警察署を除く）と四カ所の分署の下には七九の巡査派出所と二六八の巡査駐在所がおかれた。さらに同日公布の統監府令第四四号により、その配置管区も定められ、ソウルの警務総監部の下、各道憲兵隊本部に警務部を設置し、該当警察署・分署を管轄させた。(78)

このようにして憲兵隊司令部を頂点とした全国の警察機関の配置は完成し、全国至る所に憲兵と警察が「重複ヲ避ケテ周到ナル散在ヲ現ハシ、殆ント警戒ノ遺漏ナキ」配置に就き、韓国併合に備えた警備体制を固めたのである。(79)八月六日、目前に迫った併合条約調印に備えるため、憲兵隊司令部は、ソウル周辺に臨時の措置として特別警戒配置を行い、警備の強化を図った。この臨時に派遣された憲兵に、本来のソウル駐在憲兵を含め、最終的に警備任務に当たった憲兵・憲兵補助員の数は二六六人になった。(80)

警察は、本来のソウルに駐在している一〇八二人に、臨時に派遣された四四人を合わせ、約一一〇〇人が警備に当たった。(81)動員された憲兵の数は意外に少ないが、その活動は高等警察中心で、戦闘を想定した配置ではないため問題はなく、警察と合わせると一四〇〇人になり、守備隊の二六〇〇人と協力し、ソウル住民の監視・警備を分担して行っていたのである。また、憲兵の兵員不足を補うため、守備隊から下士官以下の兵を出して、憲兵の任務を補助するなどもしている。(82)当時ソウルに集まった守備隊・憲兵警察は、警備のために「京城衛戍地警備規定」を定め、(83)その規定に基づいた厳重な警戒を行っていたが、憲兵のために定められた「京城衛戍地警備規定ニ基キタル細則」の中では、「本配置ニ就キタル憲兵巡査ハ、警護並ニ往来出入者ノ監視ニ任シ、一面、付近ノ動静ヲ察知スルニ努メ、且《かつ》、付近ノ守備隊憲兵巡査ト連絡ヲ保チテ情報ヲ交換スヘキモノトス」と規定しているように、(84)要人・要所の警護、ソウルへの通行者・出入者の監視、民心・

周辺動静の偵察を任務としていたのである。

八月七日、寺内統監は併合に備えた警備方針に関して駐韓日本軍に対し次のような内訓を発し、詳しい指示を与えた。

現在、韓国ニ於ケル状勢ニ鑑《かんが》ミ左ニ軍部ニ要求スヘキ一、二ノ意見ヲ開陳セムトス。

一、主要ナル大目的ヲ果スノ時機ニ際シ、故意若《もし》くハ偶然ニモ地方ニ於テ暴徒草賊ノ併発スル事アラムカ、是レ極テ遺憾ノ事ニ属スルヲ以テ、各地方ニ在ル現在ノ守備隊ハ其ノ全力ヲ尽クシテ事前ニ予防及警戒ヲ一層厳密ニスルヲ要ス。

二、京畿道、黄海道、江原道等、殊ニ比較的京城ニ近接ノ地方及従来暴徒ノ屢々《しばしば》行動セシ地方ニ在リテハ、周密ナル偵察勤務ト相待テ、務テ現時首魁ノ隠匿セリト認ムル地方ノ取締、鉄道沿線並京城ニ通スル道路ノ警備ニ関シ、各地方現在ノ兵力ニヨリ、特ニ一層努力ヲ以テ些《いささか》ノ蹉跌《さてつ》ナキヲ期セサルヘカラス。

三、之カ実行ニ関シテハ、憲兵、警察ト策応スルハ勿論ニシテ、京城付近ニ於ケル主要ナル時期以前ニ其ノ準備ニ移ルヲ要ス。然レトモ此事タル配置及警戒方法ヲ適切且ツ極テ静粛ニ実施シ、騒擾等ヲ予防スルヲ主トシ、之ヲ煽《あお》り テ却《かえっ》テ不良ノ結果ヲ生スル如キ、或ハ人民ヲシテ政治的変動前提ノ如キ感ヲ起サシムルノ行動ハ深ク戒ムルヲ必要トス。

四、如上ノ主目的ハ誤解ヲ避クル為、必要ノ部隊長ニ其ノ旨ヲ体セシメ、其ノ以下ニハ確実ナル実施命令ヲ以テ行動セシムルヲ有利トス。
之ヲ要スルニ仮令《たとい》目下暴徒討伐ヲ行フ時機ニアラストスルモ、如上ノ処置ヲ採ルコト現時ニ於ケル緊急ノ事ナルヲ以テ、右ノ要旨ニ基キ適当ノ手段ヲ講スルヲ要ス。(85)

このように韓国併合という「主要ナル大目的」を果たすために、憲兵・警察と協力し、各地方、特にソウル周辺に対する警備の強化を指示している。さらに、何よりも予防を重視し、韓国民にその事実を気づかれ、併合に反対する抵抗運動・蜂起を誘発しないように、細心の注意を払って秘密裏に行動することが強く求められた。このようなことから、前述したように、首都ソウルに必要以上の兵力を集結させなかったのは、地方警備のために兵員をそれ以上動員できなかったことに加え、あまりに大規模な部隊の移動は内外の注目を集めかねない恐れがあったことも理由の一つであったと思われる。

韓国併合条約調印の翌日である八月二三日からは、「当分ノ間、各将校交代ニテ昼夜京城内ノ民心偵察ニ任セシムル」とともに、「当分ノ内、政治ニ関スル集会、若ハ屋外ニ於ケル多衆ノ集会ヲ禁止シ、犯者ハ拘留又ハ科料ニ処スル」という警務総監部令を発し、本格的な高等警察の実施によって反対運動発生の予防に力を注いだ。加えて二五日に憲兵司令部は、ついに大韓協会、西北学会、国民同志賛成会、国民協成会、儒生共同会、合邦賛成建議所、進歩党、政友会、平和協会、国是遊説団、一進会といった親日・反日民族団体を問わず、政治結社の取り締まりに動きはじめる。(86) 過酷な高等警察を行うことによって反対世論が出ないよう徹底的に韓国民の口を封じ込んだのである。八月二六日には、明石憲兵隊司令官は各憲兵隊長に対し以下の内容の「秘密訓電」を発している。

〔前略〕若シ夫レ憲兵、警察ニシテ妄《みだり》ニ権威ヲ弄シ、人民ヲ軽視シ、指導其ノ道ヲ失スル如キコトアランカ、永ク新付ノ人民ヲシテ怨嗟《えんさ》ノ念ヲ抱カシメ、為ニ累《るい》ヲ治績ニ及ホスノミナラス、延《ひ》イテ帝国ノ声誉ヲ失墜スルニ至ラン、深ク戒メサルヘケンヤ。殊ニ兵器ヲ使用シ、武力ヲ以テ強圧ヲ加ヘントスルカ如キハ、万止ムヲ得サルノ場合ニ際シ、独リ能ク統治ノ目的ヲ知悉《ちしつ》シ、其ノ状況ヲ判断シ得ル貴官ノ責任ニ属スルモノニシテ、妄ニ放任シテ軽挙事ヲ誤ルコト勿《なか》ラシムルヲ要ス(87)

二九日の併合条約の一般公布を前に、必要以上の威圧行動で韓国民を刺激し、蜂起に触発されないよう、部下に厳重注意することを指示している。特に武器の使用は厳禁とされた。

このように憲兵・警察・守備隊による高等警察行動で周到な警戒・警備体制が敷かれたため、八月二二日の条約調印の際、そして二九日の併合条約一般公布の際にも、過去の閔妃殺害事件や、韓国軍隊解散時のような韓国民の激しい抵抗は起こらなかったし、起きえなかったのである。警戒していた日本側に「爾後、時日ノ経過ニ従ヒ、併合ノ事遂次全国ニ周知セシモ、各地極テ平穏ニシテ、何等騒擾ノ事ナク、各般ノ解決モ容易ニ其ノ終ヲ告ケタル」状況であるといわれるほどであった(88)。最後の国権である警察権まで日本に奪われた韓国民に、憲兵警察による監視の厳しい目と、守備隊の武力に対抗する力は残っていなかったと思われる。

以上のように、動員状況・警備体制・警備行動を見ても、憲警統一によって憲兵が警察を掌握したのは、このような高等警察を施行するためであったといっても過言ではないのである。寺内が統監就任早々に憲警統一を急がせた理由も、韓国併合実施の前に憲兵の指揮・管理下において高等警察を効率よく施行できるようにするためであったのである。もし、憲警統一が遅れ、憲警間の対立を残したままの状態であったならば、上記したような円滑な高等警察実施は難しかったかもしれない。以後、韓国民はこの憲兵警察による高等警察の厳しい監視・弾圧の支配下におかれた状態になったのである。

2　植民地「朝鮮」における駐韓憲兵隊

韓国併合後の一九一〇年九月一二日、勅令三四三号によって「朝鮮駐箚憲兵条例」が公布された。韓国の国号が朝鮮に変えられ、朝鮮総督府が設置されたため、新しい条例が定められた。その主な条項は以下のとおりである。

第一条　朝鮮駐箚憲兵隊ハ治安維持ニ関スル警察及軍事警察ヲ掌ル。

第二条　朝鮮駐箚憲兵隊ハ陸軍大臣ノ管轄ニ属シ、其ノ職務ノ執行ニ付テハ朝鮮総督ノ指揮監督ヲ承ク。軍事警察ニ付テハ陸軍大臣及海軍大臣ノ指揮ヲ承ク。

第三条　憲兵将校、准士官、下士、上等兵ニハ、朝鮮総督ノ定ムル所ニ依リ、在職ノ侭《まま》警察官ノ職務ヲ執行セシムルコトヲ得。

第五条　憲兵ハ其ノ職務ニ関シ正当ノ職権ヲ有スル者ヨリ要求アルトキハ、直ニ之ニ応スヘシ。
第六条　憲兵ハ左ニ記載スル場合ニ非サレハ、兵器ヲ用フルコトヲ得ス。
一、暴行ヲ受クルトキ、又ハ兵器ヲ用フルニ非サレハ其ノ職務ヲ執行シ得サルトキ。
二、人又ハ土地、其ノ他ノ物件ヲ防衛スルニ武器ヲ用フルニ非サレハ、他ニ手段ナキトキ。
第八条　憲兵隊ノ管区並本部及分隊ノ配置ハ、朝鮮総督之ヲ定ム。
第十二条　憲兵司令官ハ朝鮮総督ノ許可ヲ受ケ、一時憲兵隊ノ一部ヲ其ノ管区外ニ派遣スルコトヲ得。此ノ場合ニ於テハ直ニ其ノ旨ヲ朝鮮総督ニ報告スヘシ。
第十七条　憲兵隊ニ憲兵補助員ヲ付属ス。憲兵補助員ノ取扱ハ其ノ職務ニ応シ憲兵上等兵又ハ陸軍一、二等兵卒ニ準ス。
第十八条　憲兵ノ服務及憲兵補助員ニ関スル規程ハ、朝鮮総督府之ヲ定ム。(89)

駐韓憲兵隊は、その管轄が陸軍大臣に変わったが、「治安維持ニ関スル警察」を掌ることになったのは以前と同じであり、職務の執行において朝鮮総督の指揮監督を受け、配置・移動・服務について朝鮮総督が定めるようになっていたため、基本的には併合前と変わらないものであった。憲警統一と関連した変化としては、憲兵が軍人として在職したまま、警察業務を行えるという第三条と、職務に関し正当な職権をもつ者の命令に従うことを定めた第五条が挙げられる。特に第五条は、前述した文・武官の命令系統問題を解消するための規定で、未だその問題が解決していないことを表している。

【表14】駐韓憲兵人員数の変化

年度／名称	将校	准士官（特務総長）	下士官	兵卒	補助員	合計
1896年 臨時憲兵隊	4			133		137
1897年	4		55	166		225
1898年	4		57	167		228
1903年 韓国駐箚憲兵隊	7		24	190		221
1904年	9		46	256		311
1905年	6	5	45	262		318
1906年 第14憲兵隊	12	5	45	222		284
1907年 韓国駐箚憲兵隊	41	13	120	623		797
1908年	64	19	517	1,798	4,234	6,632
1909年	83	22	545	1,787	4,392	6,829
1910年	117	20	753	2,525	4,417	7,832

出典：『朝鮮憲兵隊歴史』1/11〜3/11、『朝鮮の保護及併合』、『朝鮮駐箚軍歴史』、「臨時憲兵隊編成改正ノ件」の付表、陸軍省大臣官房編『陸軍省統計年報』1896〜1910年版より作成。

この条例の公布と同じくし、同日には保安規則によって、前述した大韓協会、一進会等、すべての政治団体に対し解散命令が出された(90)。併合後において憲兵による厳しい高等警察が行われていたのである。一〇月一日には「朝鮮総督府警務総監部事務分掌規定」が公布され、警務総監部に庶務課、高等警察課、警務課、保安課、衛生課を設置した。とりわけ高等警察課は、前述した機密警務課を改称し、さらに機構を拡大したもので、その下に機密係と図書係をおいて高等警察事務を管轄させた。機密係は「一、査察ニ関スル事項」、「二、集会、多衆運動及結社ニ関スル事項」、「三、外国人ニ関スル事項」、「四、暗号ニ関スル事項」、「五、宗教取締ニ関スル事項」を管轄し、図書係は「新聞、雑誌、出版物及著作物ニ関スル事項」を管轄した。高等警察の範囲を宗教にまで拡大したのが特徴であるといえる。また、この高等警察課には、憲兵隊司令部付の山形閑憲兵中佐が警視として引き続き課長に赴任していたが、警務部において唯一憲兵が課長を務める課であり、この高等警察課長は、警務総長に次ぐナンバー二の地位にあったといわれるほどである。[91]さらに、各道警務部においても、高等警察係主任には必ず憲兵が配置されたことからも、[92]憲兵側がいかにこの高等警察にこだわり、重視していたかがわかる。

憲兵警察はこの高等警察を通じて思想弾圧に乗り出し、民族運動系の各種の書籍、新聞、雑誌を押収・禁止・廃刊に処し、一九一〇年一一月からは憲兵がソウル鐘路一帯の書店をはじめ、韓国各地の郷校、両班《ヤンバン》の家等を捜索し、二〇万巻の書籍を押収・焼却処分を行った。[93]また、一九一〇年一二月二七日に起きた安明根の「寺内総督暗殺未遂事件」、そして、この事件をきっかけに暗殺計画を捏造し、新民会の幹部、キリスト教徒運動家ら約六〇〇人を検挙、この中で一〇五人を起訴した一九一二年の「一〇五人事件」等、民族運動団体の取締りにもますます力を入れていった。[94]駐韓憲兵隊は高等警察を最大限に活用し、植民地韓国における弾圧機構としての地位を不動のものとしていった。

小括

一九〇七年以降、駐韓憲兵隊の本格的な機構・権限の拡張とともに先鋭化した職権をめぐる憲兵と文官警察の対立問題を解決するため、憲兵隊側と警察側は各々自分の立場に基づいた解決方案を提示した。憲兵隊側は憲兵と警察の組織を統合することを、そして警察側は両者の領域を画然と分離することを主張したのであり、その各々の代表者が明石元二郎憲兵隊長と松井茂警務局長であった。

寺内正毅陸相の期待を一身に受けて駐韓憲兵隊長として赴任した明石は、その期待に応え、憲兵の権限拡張に寄与した。その実績をもって韓国における警察機関統一を試みる明石であったが、軍事機関である憲兵が、行政機関である警察の領域を侵犯することに対し、松井から激しい非難を受けた。松井の主張は法律論と文明国論に依拠したものであったため、すでに憲兵重視論に傾いていた伊藤統監でも、その反対論を無視することはできなかった。それは伊藤の後継者であった曾禰も同じであった。

しかし、伊藤の死亡、曾禰の辞任により流れは大きく変わり、「憲兵本位論者」の寺内が統監として赴任し、韓国併合二カ月前に、急いで憲警統一は行われることとなる。併合とともに警察権を含むすべての国権は自動的に日本に渡されることになっているにもかかわらず、憲警統一断行によって韓国警察を憲兵の指揮・監督下におこうとした理由は、併合を目前にした重要な時期に、命令系統を一元化して警察機構同士の対立を防止するためであり、その目的は韓国警察の吸収による憲兵の一般警務遂行ではなく、憲兵による高等警察の専担であった。韓国併合に備えた憲兵、警察、守備隊のソウル警備態勢においても、憲兵・警察を中心とした高等警察の実施が重要な役割を担っていた。高等警察実施による排日民衆運動・言論の弾圧は、韓国併合前の必須条件であったのである。併合後の「混乱」を予防し、確固たる植民地支配を維持していくためでもあった。それは併合後、憲兵の高等警察実施による思想弾圧をみても明らかである。韓国において憲兵による高等警察中心の治安体制をつくり上げること、それは日露戦争期における「軍事警察」施行からの一貫した軍の目標であったと思われる。駐韓憲兵隊の義兵闘争鎮圧は、その足がかりに過ぎなかったのかもしれない。

註

（1）伊藤は本来、韓国を併合するにあたって「漸進論」の立場に立ち、急進的な併合断行と武断的手段による統治には反対であったが、統監職辞任とともにその「漸進論」も放棄したとされる（前掲『韓国併合史の研究』、三四七頁）。

（2）憲兵警察制度についての代表的な先行研究としては、対馬郁之進「朝鮮に於ける憲兵警察統一制度の考察」(一)、(二)（『法学論叢』四九—四・六、一九四三年一〇・一二月）、李瑄根「日帝総督府의 憲兵政治와 思想弾圧」（『韓国思想』八、一九六六年六月）、姜徳相「憲兵政治下の朝鮮」（『歴史学研究』三二一、一九六七年二月）、李延馥「日帝의 憲兵警察小考」（『李瑄根博士回甲紀念韓国学論集』一九七四年）、孫禎睦「日帝侵略初期総督統治体制와 憲兵警察制度」（『서울市立大学首都圏開発研究所研究論集』一一、一九八三年一二月）、松田利彦「日本統治下の朝鮮における警察機構の改編——憲兵警察制度から普通警察制度への転換をめぐって」（『史林』七四—五、一九九一年九月）、松田利彦「日本統治下の朝鮮における憲兵警察機構（一九一〇～一九一九）」（『史林』七八—六、一九九五年一一月）等が挙げられる。

（3）理事庁警察、顧問警察については、前掲「朝鮮植民地化の過程における警察機構（一九〇四～一九一〇年）」参照。

（4）朝鮮総督府『朝鮮ノ保護及併合』、一九一七年（金正明編『日韓外交資料集成　八』、巌南堂書店、一九六四年）、二二六～三二二頁。領事館警察については、副島昭一「朝鮮における日本の領事館警察」（『和歌山大学教育学

部紀要――人文科学』第三五集、一九八六年）参照。
（5）前掲「朝鮮における日本の領事館警察」。
（6）「領事館警察ノ概要」（岩井敬太郎編『顧問警察小誌』龍渓書舎、一九九五年〈復刻版〉）、二八九頁。
（7）小村外務大臣宛の稟請要旨、「警察顧問及観察府顧問採用ノ件」（前掲『外務省警察史』三、八七～八八頁）。
（8）正式な「警務顧問招聘契約」調印は二月三日、前掲『顧問警察小誌』、一一～一三頁。
（9）同上、二一～二二頁。
（10）前掲「朝鮮植民地化の過程における警察機構（一九〇四年～一九一〇年）」参照。
（11）前掲『外務省警察史』三、一七六頁。
（12）前掲『朝鮮ノ保護及合併』、一七六頁。
（13）前掲『朝鮮ノ保護及合併』、一七八～一七九頁、『松井茂自伝』（松井茂先生自伝刊行会、一九五二年）、二四一頁、前掲『朝鮮憲兵隊歴史』一／一一。
（14）前掲『朝鮮ノ保護及合併』一七九頁、前掲『朝鮮憲兵隊歴史』二／一一
（15）「第三節　協力一致ノ訓令」（前掲『朝鮮憲兵隊歴史』二／一一）。
（16）「第一章　第十四憲兵隊概説」（同上）。
（17）前掲『明石元二郎』上巻、四〇六頁。
（18）前掲『松井茂自伝』、二六七頁。
（19）前掲『明石元二郎』上巻、四〇四頁。
（20）「第二節　本年初頭ノ憲兵隊」（前掲『朝鮮憲兵隊歴史』二／一一）。
（21）前掲『明石元二郎』上巻、四四〇～四四二頁。
（22）「不肖元二郎が憲兵隊長たりし時代は前統監伊藤公の時代にして、公は憲兵隊長の全警察官を指揮することは容赦せざれしも」（前掲『明石元二郎』上巻、四四〇～四四二頁）。

(23) 日本の世人から「戒厳令施行の有様」とか「軍政実施の状態」などと酷評されたという(前掲『明石元二郎上巻』、四五七頁)。
(24) 松井茂「目覚め行く朝鮮民衆へ」一九三六年(朝鮮新聞社編『朝鮮統治の回顧と批判〔復刻版〕』龍渓書舎、一九九五年)、一一〇頁。
(25) 松井茂『自治と警察』警眼社、一九一三年、七九七〜七九八頁。
(26) 前掲『松井茂自伝』、二四三頁。
(27) 同上、二四四頁。
(28) 同上。
(29) 同上、二五四頁。
(30) 同上、二六〇頁。
(31) 松井茂「極秘　韓国警察ニ関スル意見書」一九一〇年二月二一日(松田利彦監修『松井茂博士記念文庫旧蔵韓国「併合」期警察資料』八、ゆまに書房、二〇〇五年に所収、二四一頁)。この意見書の主要な内容は、前掲『松井茂自伝』にも収録されている。
(32) 前掲『松井茂自伝』、二五六〜二五七頁。
(33) 同上、二五六頁。
(34) 同上、二五七〜二五八頁。
(35) 前掲「極秘　韓国警察ニ関スル意見書」、二〇一〜二〇三頁。
(36) 「憲兵条例中改正ノ件」(陸軍省『大日記甲輯』T五―一―一〔防衛省防衛研究所所蔵〕)。
(37) 前掲『松井茂自伝』、二六〇頁。
(38) 前掲「極秘　韓国警察ニ関スル意見書」、三五八頁。
(39) 秋山雅之介伝記編纂会『秋山雅之介伝』(同会、一九四一年)、一三四〜一三五頁にもそのようなことが書かれている。

(40) 前掲『秋山雅之介伝』、一二一頁。

(41) 前掲『明石元二郎』上巻、四六一頁。

(42) 同上、一三五頁。

(43) しかし秋山は、憲兵警察制廃止の一カ月前である一九一九年七月二四日、寺内あての書簡で「朝鮮憲兵ヲ全然撤退之事ハ、半島ノ治安上誠ニ寒心ニ堪ヘス。本来、併合前、閣下ノ命ニ依リ田中軍務局長、明石憲兵隊長及小官、参事官トシテ陸軍省ニ於テ警察統一ノ案ヲ作リ、其協議ノ際、小生ハ市街地ニ巡査ヲ置キ、其他ニ憲兵ヲ置クモ漸次ニ憲兵ヲ減シ、巡査ヲ以テ之ニ代ヘル事ヲ提言シ、当人共ニ之ニ同意シ居タルニ拘ラス、明石氏ハ併合後、兎ニ角巡査ヲ増遣シテ却テ憲兵ノミヲ増加シ、之ニ付テハ小生京城ニ於テ再三明石氏ヲ責メタル事御座候得共、遂ニ其言ノ如ク定為セサリシハ遺憾ニ候得共、今日仮ニ巡査ヲ以テ全然憲兵ニ代フルハ是亦突然ニシテ朝鮮田舎ノ治安、或ハ保シ難キ事ト愚考仕候。〔中略〕兎ニ角、漸ヲ以テセス、此際、遽《にわか》ニ旦一時ニ朝鮮之憲兵ヲ撤退シ警察官ニ代フルハ、仮令《たとい》従来ノ憲兵ニ不可ナル所アリトスルモ、所謂羹《あつもの》ニ懲リテ膾《なます》ヲ吹クニ均シク、今後半島ノ治安関係上寒心之次第ニ相成タリ」と憲兵引き上げ反対意見を述べている（秋山発寺内あて書簡、一九一九年七月二四日〔前掲『寺内正毅文書』七―九〕）。

(44)「朝鮮駐剳憲兵条例ニ対スル意見」（前掲『密大日記』M四三―一）、秋山参事官の捺印も押されている。

(45)「韓国併合ト軍事上ノ関係」（海野福寿解説『韓国併合始末　関係資料――十五年戦争極秘資料集　補巻⑦』不二出版、一九九八年）、六五頁。

(46) 明石は復帰する前の一九一〇年四月から、参謀長会議に出席のため東京に出張中であった。同上、四三頁。

(47) 前掲「目覚め行く朝鮮民衆へ」、一二一頁。

(48) 前掲『自治と警察』、七九九頁。

(49)「石塚長官事務取扱に手渡したる案文」（前掲『明石元二郎』上巻、四四三～四四四頁）。

(50)「韓国首相協議案件（別紙）」（前掲『明石元二郎』上巻、四四四〜四四五頁）、前掲『朝鮮ノ保護及合併』、三〇二〜三〇三頁。
(51) 前掲『朝鮮ノ保護及合併』、三〇三〜三〇五頁。
(52) 外務省条約局編『旧条約彙纂』三、一九三四年、二二一〜二二二頁。
(53)『官報』、一九一〇年六月三〇日。
(54)「枢密院決議・一、統監府警務総長、警務部長、警視、警部ノ任用分限ニ関スル件・一、統監府警察官署職員ノ官等等級ニ関スル件・一、統監府警察官署ノ職員タル韓国人ノ任用分限及給与ニ関スル件・一、統監府警務総長及警務部長ノ発スル命令ニ関スル件・一、商務官特別任用令・明治四十三年六月二十九日決議」（『枢密院会議文書』（国立公文書館所蔵））。
(55) 前掲「明治三十八年一月〜一二月謀臨書類綴　大本営陸軍参謀」。
(56) 前掲「枢密院決議・一、統監府警務総長、警務部長、警視、警部ノ任用分限ニ関スル件・一、統監府警察官署職員ノ官等等級ニ関スル件・一、統監府警察官署ノ職員タル韓国人ノ任用分限及給与ニ関スル件・一、統監府警務総長及警務部長ノ発スル命令ニ関スル件・一、商務官特別任用令・明治四十三年六月二十九日決議」。
(57) 一九一〇年七月一日、統出機発第一三号（「第十三節　憲兵隊及憲兵ノ責任＝服務内容」（前掲『朝鮮憲兵隊歴史』三／一一））。
(58) 一九一〇年七月一日、陸訓第一八号「大臣ヨリ韓国駐箚憲兵隊司令官ヘ訓示案」（前掲『密大日記』M四三―一―五）。
(59) 前掲「第十三節　憲兵隊及憲兵ノ責任＝服務内容」。
(60) 同上。
(61)「第十二節　我憲兵将校以下ノ警務執務」（前掲『朝鮮憲兵隊歴史』三／一一）。
(62) 同上。

(63) 前掲「第十三節　憲兵隊及憲兵ノ責任＝服務内容」。
(64) 陸密第一〇一号（『公文類聚』第三十四編・明治四十三年・第十九巻・交通門二・河川港湾～雑載、地理門・土地・森林、警察門）。
(65) 「韓国ニ在ル予後備役下士以下ヨリ憲兵補充ノ件」（前掲『弐大日記』M四三―八―二八）。
(66) 「韓国駐箚憲兵隊編成換ニ伴フ予後備役憲兵養成ノ件」（前掲『弐大日記』M四三―一一―三一）。
(67) 「憲兵補充ニ関スル件」（前掲『密大日記』M四三―三―七）。
(68) 前掲『朝鮮駐箚軍歴史』、一二五～一二七頁。
(69) 同上、一二一～一二三頁。
(70) 前掲『朝鮮駐箚軍歴史』、三四〇～三四一頁。
(71) 「明治四十三年八月十八日調　警備部隊編成表」（吉田源治郎「日韓併合始末」一九一一年〈海野福寿編・解説『韓国併合始末関係資料』〈不二出版、一九九八年〉に所収〉の付表第三）。
(72) 同上、一〇頁。
(73) 「韓国駐箚憲兵隊編成表」（「陸軍平時編成中改正ノ件」〈前掲『密大日記』M四三―一―五〉）。前掲「第十一節　編成ノ改正」（前掲『朝鮮憲兵隊歴史』三／一一）。
(74) 『御署名原本』明治四十三年・勅令（国立公文書館所蔵）。
(75) 「韓国駐箚憲兵隊配置表」（前掲「編成ノ改正」）。
(76) 同上。
(77) 「警察署ノ職務ヲ行フ憲兵分隊名称位置及管轄区域表」（前掲「我憲兵将校以下ノ警務執務」）。
(78) 「各警察署、分署管内巡査派出所所在及駐在所表」（同上）。
(79) 「第十四節　韓国併合前ノ形勢及警戒」（前掲『朝鮮憲兵隊歴史』三／一一）。
(80) 「平時及臨時警備ノ為メ各分隊憲兵配備人員表」（韓国駐箚憲兵司令部・統監府警務総監部「京城衛戍地警備規

定ニ基キタル細則」の付表第一（前掲「日韓併合始末」の付録第一〇号））。
(81)「平時及臨時警備ノ為メ巡査配置人員表」（同上、付表第二）。
(82)前掲「日韓併合始末」、三八頁。
(83)「日韓併合始末付録」（同上）。なお、八月に定められたこの「京城衛戍地警備規定」は、六月二六日に発布された「竜山衛戍地警備規定」と、「臨時竜山衛戍地警備規定」を一括改正したものである（同上、二六～二七頁）。
(84)前掲「京城衛戍地警備規定ニ基キタル細則」、二五頁。
(85)前掲「日韓併合始末」、二二～二三頁。
(86)「第十五節　併合条約成立　警戒取締増進」（前掲『朝鮮憲兵隊歴史』三／一一）
(87)前掲「第十五節　併合条約成立　警戒取締増進」。
(88)前掲『朝鮮駐箚軍歴史』、三四九頁。
(89)『官報』一九一〇年九月一二日。
(90)前掲「第十五節　併合条約成立　警戒取締増進」。
(91)『朝鮮新聞』一九一一年三月八日。
(92)前掲「朝鮮に於ける憲兵警察統一制度の考察（二）」、七二四～七二五頁。
(93)前掲「憲兵政治下の朝鮮」、五頁。
(94)尹慶老『一〇五人事件　新民会研究』（一志社、一九九〇年）参照。

終　章

駐韓日本軍憲兵隊の役割

第1節　結論

以上、一八九六～一九一〇年の時期、すなわち、日清戦争後、韓国へ初めて日本の憲兵が派遣された時から、憲兵警察制度が成立し、韓国併合が行われるまでの時期を対象に、駐韓日本軍憲兵隊の役割に焦点を当てて検討してきた。各章別の論点を整理すると以下のようになる。

日本が初めて韓国に憲兵隊を派遣した口実は、軍用電信線の保護であった。一八九四年、日清戦争前後、日本軍は韓国に軍用電信線を無断で架設・運営していた。韓国民は、これに対する抵抗手段として、その電信線を切断する闘争を展開した。清国敗残兵が電信線切断に関与した問題も出てきて、日清戦争後も止まない韓国民の電信線に対する攻撃に対処するため、日本軍はより「効率的」な対応方法を模索した。軍隊機関でありながら警察機構の性格をもつ憲兵隊に、「治安維持」機関としての役割が期待され、一八九六年一月、「臨時憲兵隊」が創設・派遣された。またこれは日本帝国領域内の憲兵隊拡張の動きと連動するものであり、台湾における憲兵の「土匪討伐」実績からも影響を受けたと思われる。そして、憲兵駐屯に「寛大」な「小村・ウェーバー協定」が、憲兵の韓国駐屯を確定させた。

「臨時憲兵隊」活動の特徴は、電信線保護を口実に、線路周辺地域に対する「治安維持」活動を公然と行っていたこと、そして、そのための武力弾圧とともに懐柔策も並行して実施した点である。この方法は以後の韓国、そして他の植民地憲兵にも継承されていく。

日露戦争の開戦は、軍用電信線保護を目的として韓国へ派遣されていた駐韓憲兵隊の権限を拡張させる大きなきっかけとなった。韓国を占領地とみなし、日本軍によって一方的に施行された軍律・軍政、そして「軍事警察」がその要因となった。駐韓憲兵隊は軍律・軍政の主要な担い手として、そして「軍事警察」と称された高等警察の執行者として、戦中、その権限を拡大させた。以後、駐韓憲兵隊は高等警察を執行するものという認識が軍に根付いたと思われる。当時行われた軍政・軍律・「軍事警察」を主管していた韓国駐箚軍司令官であり、後に第二代朝鮮総督となった長谷川好道、同じく当時、陸軍大臣であり、後に統監、初代朝鮮総督となった寺内正毅等は、韓国の警察機関を駐韓憲兵隊に一任しようとする傾向が強かった。しかし、終戦によって軍政は廃止、統監府が設置され、軍律施行も停止し、駐韓憲兵隊は一時的にその機構を縮小させる。その中でも高等警察の任務は維持することができたのである。

一九〇七年以降、韓国における義兵闘争の高揚によって、駐韓憲兵隊はその復権・拡張のきっかけを摑む。この駐韓憲兵隊の機構拡張の要因を、従来の研究でいわれているような、ゲリラ化した義兵に対する、憲兵の優秀な鎮圧能力に求める「憲兵優位論」は、その根拠資料である『朝鮮暴徒討伐誌』付表統計の信憑性に問題があり、疑問が残る。当時の駐韓憲兵隊側が守備隊・警察をライバル視し、過度に「討伐成果」に執着していた姿勢も、その疑問を増大させる。憲兵拡張の要因は、守備隊の韓国民虐殺問題の国際世論化と、駐韓憲兵隊が統監に隷属していたことであった。伊藤博文統監が憲兵隊に求めたのは、義兵鎮圧もその一つであるが、韓国における警察機構拡充を駐韓憲兵隊によって行おうとする側面が強かったと思われる。義兵鎮圧という戦闘行為において武力で勝る守備隊の能力には勝てるはずもなく、実際義兵鎮圧の中心は守備隊であった。憲兵側が鎮圧成果に過度にこだわっていた理由は、義兵鎮圧の中心機関を目指したのではなく、その実績をもって、憲警統一をなすためであったと考えられる。

日本軍による義兵虐殺の国際問題化により、伊藤統監は義兵鎮圧方針を変更せざるをえなくなった。従来の武力弾圧一辺倒の政策から、義兵帰順奨励、韓国皇帝南北巡幸による民心慰撫といった懐柔策を並行する政策へと転換していったのである。駐韓憲兵隊は帰順政策の中心機関として活躍し、成果を上げた。また、この時期に制定された憲兵補助員制度は、帰順奨励策と連動し、治安維持機関としての駐韓憲兵隊の地位を確固たるものとした。

韓国皇帝の巡幸が予期した成果を上げられなかったため、失望した伊藤は統監を退任し、副統監であった曾禰荒助が統監に就任するが、懐柔策並行の基本的方針は継承された。大兵力の守備隊を動員して行われた「南韓暴徒大討伐作戦」も、基本的には武力弾圧とともに、懐柔策という精神弾圧にも比重がおかれて行われたものであった。すでに全国に分散配置され、一般警務にまで手を伸ばし、警察機関としての業務に力を入れていた駐韓憲兵隊は、この作戦においては主導的な役割は担えなかったが、作戦地域内の憲兵隊は、偵察・捜索活動を通じて、警察とともに作戦で大きな役割を果たした。

寺内の信頼を一身に受け、駐韓憲兵隊長として赴任してきて以来、憲兵の権限拡張に寄与した明石元二郎は、これまでの実績をもって、韓国における警察機関統一を試みるが、軍事機関である憲兵が、行政機関である警察の領域を侵犯しようとすることに対し、松井茂警務局長から激しい非難・抵抗を受けた。松井の主張は法律論と文明国論に依拠したものであったため、すでに憲兵中心の立場をとっていた伊藤でも、その反対論を無視することはできなかった。それは伊藤の後継者であった曾禰も同じであった。しかし、伊藤の死亡、そして曾禰の辞任により流れは大きく変わり、「憲兵本位論者」である寺内が統監になったことで憲警統一は決まった。韓国併合二カ月前にして、急遽、憲兵主導の憲警統一は行われ、韓国の警察権は日本に完全に奪われた。これによって憲兵警察制度が成立し、韓国警察は駐韓憲兵の指揮・監督を受けることとなった。

この憲警統一の目的は、韓国警察の吸収による憲兵の一般警務遂行ではなく、憲兵による高等警察の専担であった。「南韓暴徒大討伐作戦」によって、韓国内の義兵闘争は収束し、韓国併合の最大の障害物は、排日民衆運動・言論となった。高等警察実施による、これら排日集会・言論などへの弾圧は、韓国併合の前提として必須条件だったのである。併合後の「混乱」を予防するためでもあった。併合後の韓国は、憲兵の高等警察による厳しい思想弾圧を受けることになったのである。韓国で憲兵による高等警察中心の治安体制をつくり上げること、それが日露戦争期における「軍事警察」施行からの一貫した軍の目標であったと思われる。そのために駐韓憲兵隊は権限を拡大してきたのである。

以上のように、韓国植民地化における駐韓憲兵隊の役割は、植民地化の進展とともに抵抗を強める韓国民を、武力鎮圧と懐柔策を用いて弾圧し、また厳しい高等警察を行って排日思想を監視・抑圧することで、治安維持の面において日本による支配の安定・深化を維持していくことであった。日本は韓国を、勢力扶植、保護国化、併合というプロセスを経て植民地化するが、その過程で行われた日露戦争と義兵闘争が、駐韓憲兵隊の権限と機構拡張の大きな足掛かりとなった。単に軍事力のみの武力弾圧をするなら、守備隊を増派すれば済むはずである。当時の日本軍が深刻な兵員不足に陥っていたことも、守備隊増派が不可能であった要因の一つとされるが、それは憲兵隊とて同じ状況であった。憲兵隊が拡張されたのは、軍組織としての武力弾圧だけではなく、警察機関として治安全般、特に高等警察を担当させるためであったのである。韓国植民地化の進展によって、憲兵が担う武力弾圧と高等警察の比率は変化し、憲警統一後は高等警察が憲兵の主務となるのである。日本国内の憲兵制と異なる、韓国における植民地憲兵の特徴として、このような高等警察を中心とした一般警務への積極的な介入が挙げられる。

第2節　今後の課題

本書の特徴を改めて整理してみると、次の三つになる。第一は、日本の韓国に対する植民地化の過程において、日本軍憲兵隊が担った役割を、単に武力弾圧の機能だけではなく、警察権を有する軍の警察組織としての偵察・懐柔活動といった側面からも実証的に明らかにしたこと。第二は、とりわけ一九〇七年以降の韓国における憲兵組織の拡大について従来の定説ともいえる「憲兵優位論」、すなわち、義兵に対する戦闘能力において憲兵隊が一般の守備隊より優位にあるとする論を「南韓暴徒大討伐作戦」の統計的分析から批判し、武力弾圧の主力は一般の守備隊であり、憲兵隊は懐柔策などによる帰順工作の主役であったことを日本側と韓国側の一次資料から明らかにしたこと。最後に、憲兵隊は、初期段階から高等警察をその目的としており、その役割において韓国併合直前に高等警察として専任化し、韓国における排日思想を監視・抑圧する機能に特化していたことを明らかにしたことである。

このように、本書では韓国植民地化の過程における駐韓憲兵隊の役割を明らかにできた一方、今後へのいくつかの課題を残した。まず、その対象時期を一九一〇年の韓国併合までとしたため、実際、「憲兵警察制度」がどのように運用され、また廃止となったのかについてまでは検討することができなかったことである。本書で憲兵重視論者として挙げた長谷川好道は、寺内正毅の後を継いで第二代朝鮮総督になっており、憲警統一期におけるこの二人の憲兵重視論者について分析することも、駐韓憲兵、そして以後の植民地憲兵の研究のために必要であると思われる。

次に、本書では主に統監府と韓国駐箚軍関係の史料分析に集中するあまり、日本政府は、韓国植民地化過程において憲兵をどのように位置づけていたのかについては、十分に触れることができなかったことである。「植民地」に派遣された憲兵が、本国の憲兵制度から逸脱し、高等警察をはじめとする一般警務に積極的に介入しようとすることに対して、政府関係者らはどのような立場であったかである。いかに日本の憲兵制が、軍事警察と普通警察の両方の任務を担当するフランスの憲兵制度を模範としたものとはいえ、憲兵主体で警察機関を統合し、軍隊組織である憲兵が文官警察の指揮・監督を行うのは明らかに異常であろう。第4章で若干触れたように、同じ軍組織である陸軍省軍務局内においても、駐韓憲兵隊を軍事警察という本来の系統に復帰させるべきであると憂慮する意見が出ていたことからも、憲警統一に対する反対の意見は多くあったはずである。

最後に、日本軍側の義兵鎮圧資料を中心的に扱ったため、弾圧を受けた義兵を含む韓国民衆側の史料分析は相対的におろそかになったことである。例えば、「南韓暴徒大討伐作戦」に関する義兵側の史料は今のところほとんど見あたらず、実際、作戦現場において守備隊と憲兵隊がどのような手口で義兵を殺戮・懐柔したか、その詳細な実態について実証することは難しかった。韓国民衆側からの視点についても補強が必要である。

今後はこれら駐韓憲兵隊に関する残された課題の研究を進めると同時に、台湾や関東州、満州国における他の植民地憲兵と積極的に比較研究を行っていきたいと考えている。駐韓憲兵隊の研究を通じて、日本の他植民地憲兵との連続性と、植民地憲兵全体を総体的に把握する必要性を感ずるからである。序章でも若干触れたように、近年、「憲兵警察制度」を素材に植民地の憲兵制度間の関連性についての研究が出はじめていることにも注目が必要である。[1]「統治方式の遷移」[2]として捉えるこれらの試みはまさに始まったばかりであり、検証すべき点も少なくないが、これからの植民地憲兵の研究に示唆するところも多い。

筆者の展望としては、日本本国から植民地に波及した憲兵活用方式は、台湾、韓国、関東州、満州国を経て再び日本本国へフィードバックされ、日本の軍国主義の深化に伴い、本格的に高等警察を中心とした行政・司法警察を運用することになり、自国民をも弾圧する道具として利用されるようになったのではないかと推測している。関東憲兵隊司令官出身の首相である東条英機の「憲兵政治」がその例ではなかろうか。この研究は、これから帝国日本の全体的な憲兵像を究明するためのはじめの一歩なのである。

註

（1）飯嶋満「戦争・植民地支配の軍事装置――憲兵の活動を中心に」（山田朗編『戦争II　近代戦争の兵器と思想動員』青木書店、二〇〇六年）、松田利彦「近代日本植民地における「憲兵警察制度」に見る「統治様式の遷移」――朝鮮から関東州・「満州国」へ」（『日本研究』三五、国際日本文化研究センター、二〇〇七年五月）

（2）「統治方式の遷移」という見方は、山室信一「植民帝国・日本の構成と満州国――統治様式の遷移と統治人材の周流」（ピーター・ドウズ、小林英夫編『帝国という幻想――「大東亜共栄圏」の思想と現実』青木書店、一九九八年）で提唱されたものである。

あとがき

本書は、私が二〇〇六年度に明治大学に提出し、博士（史学）の学位を授与された学位請求論文「韓国併合過程における駐韓日本軍憲兵隊研究」を修正・加筆したものである。

私が日本による韓国植民地化過程のなかで日本軍が担った役割について感心をもち、研究テーマとして選んだのは一九九七年頃のことであった。当時はまだ韓国に派遣されていた日本軍、すなわち韓国駐箚軍全般に対し、防衛省防衛研究所図書館で基礎的な調査を行っていた。それまで憲兵とは単なる軍事警察官（MP）で、戒厳令下でもない限り、一般の普通警察権はもたないとしか思っておらず、その役割や実態などについてははっきりとしたイメージはもっていなかった。そこで『千代田史料』として所蔵されていた『朝鮮憲兵隊歴史』の検討から、日本の憲兵というものが、今まで知っていた単なる軍事警察官ではない、もっと幅広い役割を担う組織であったこと、そしてその傾向が特に植民地において顕著であったことに強く興味を抱くようになった。憲兵に対してもっていた従来のイメージは、私がアメリカの軍事体系の影響を強く受けた韓国出身であることからくるものにすぎなかったのである。

軍事警察権と行政・司法警察といった普通警察権を併せもつフランス憲兵制度をモデルとして創立された日本の憲兵は、同様に普通警察権をもっているのみならず、諜報機関としての活動まで行う、その権限の範囲と役割がかなり曖昧な存在であった。

日本の憲兵とは一体どのような存在なのか、それを究明することが私の一貫した問題意識なのである。駐韓日本軍憲兵隊を扱った本書は、その問題意識に対する今の段階における私なりの答えであり、日本の憲兵像究明に向けた最初の一歩なのである。

本書は多くの方々の助力によって刊行できた。とりわけ海野福寿先生には大学院修士課程以来、研究全般にわたってご指導を頂いた。明治大学を退任されてからも、変わらぬご指導とご厚情を頂いた。心より感謝を申し上げたい。

山田朗先生は博士課程の指導教官として、学位請求論文のご指導を頂いたばかりではなく、研究方法や軍事史的視点など具体的なご指導を頂いた。先生のお陰で博士論文が完成できたといっても過言ではない。改めて深く謝意を表したい。

また、趙景達先生からも博士論文のチェックのみならず、韓国人留学生としての研究姿勢など多くの面で格別なご指導を頂いた。衷心より感謝申し上げるとともに、日韓の同学の諸氏からは学問上の示唆のみならず、日本留学中、私事にわたりお世話になった。感謝を述べたい。

富士ゼロックス小林節太郎記念基金からは、博士論文作成および本書刊行にあたり、研究助成と出版助成を頂いた。記して謝意を表す。

そして、このように著書として公刊できる機会をくださった新泉社の竹内将彦編集長に厚く御礼を申し上げる。

最後に、これまで温かく見守ってくれた両親に、この場を借りて感謝したい。

二〇〇八年六月

李　升　熙

主要参考文献

〈単行本〉

秋山雅之介伝記編纂会『秋山雅之介伝』（同会、一九四一年）
岩井敬太郎編『顧問警察小誌』（韓国内部警察局、一九一〇年〔龍渓書舎、一九九五年、復刻版〕）
岩壁義光・広瀬順晧編『原敬日記』第一巻（北泉社、一九九八年）
林鍾國『日本軍의 朝鮮侵略史Ⅰ』（일월서각、一九八八年〔韓国〕）
海野福寿『日清・日露戦争』（集英社、一九九二年）
海野福寿『韓国併合史の研究』（岩波書店、二〇〇〇年）
海野福寿編・解説『韓国併合始末 関係資料』（不二出版、一九九八年）
海野福寿編集・解説『外交史料 韓国併合』上・下（不二出版、二〇〇三年）
大江志乃夫『日露戦争の軍事史的研究』（岩波書店、一九七六年）
大江志乃夫『日露戦争と日本軍隊』（立風書房、一九八七年）
大江志乃夫『東アジア史としての日清戦争』（立風書房、一九九八年）
大江志乃夫『世界史としての日露戦争』（立風書房、二〇〇一年）
大谷敬二郎『昭和憲兵史』（みすず書房、一九六六年）
大山梓『日露戦争の軍政史録』（芙蓉書房、一九七三年）
F・A・マッケンジー著・渡部学訳『朝鮮の悲劇』（平凡社、一九七二年）
姜在彦『新訂　朝鮮近代史研究』（日本評論社、一九八二年）
北岡伸一『日本陸軍と大陸政策』（東京大学出版会、一九七八年）
外務省編『日本外交文書』二七―一、二九、三七―一、三八―一、四〇―一、四二―一

韓国内部警務局編『隆熙三年警察事務概要』(一九〇九年)
金祥起『韓末義兵研究』(一潮閣、一九九七年〈韓国〉)
金正明編『朝鮮独立運動Ⅰ——民族主義運動編』(原書房、一九七六年)
桑田悦編『近代日本戦争史　第一編　日清・日露戦争』(同台経済懇談会、一九八五年)
憲兵司令部編『憲兵実務提要』(一九一四年)
憲兵司令部編『日本憲兵昭和史』(一九三九年)
憲兵練習所編『憲兵須知』第一巻・第二巻(軍事警察雑誌社、一九一二年)
国史編纂委員会編『大韓帝国官員履歴書』第八冊(一九七二年〈韓国〉)
国史編纂委員会編『고종시대사』三집(一九六九年〈韓国〉)
国史編纂委員会編『駐韓日本公使館記録』一~四〇(一九八七~一九九四年〈韓国〉)
国史編纂委員会編『統監府文書』一~一一(一九九八~二〇〇〇年〈韓国〉)
黒田甲子郎『元帥寺内伯爵伝』(元帥寺内伯爵伝記編纂所、一九二〇年)
黒羽茂『日露戦争と明石工作』(南窓社、一九七六年)
小松緑編『伊藤公全集』第一巻、(昭和出版社、一九二八年)
小森徳治『明石元二郎』上・下(台湾日日新報社、一九二八年〈原書房、一九六八年、復刻版〉)
斉藤聖二『日清戦争の軍事戦略』(芙蓉書房、二〇〇三年)
参謀本部編『明治廿七八年日露戦争史』八(一九〇七年)
参謀本部編『明治三十七八年日露戦争史』一〇(東京偕行社、一九一四年)
畝公追頌会編『伊藤博文伝』上・中・下(統正会、一九四〇年)
전기통신공사 편『韓国電気通信一〇〇年史』上(체신부、一九八五年〈韓国〉)
杉山其日庵『山県元帥』(博文館、一九二五年)

全国憲友会連合会編纂委員会編『日本憲兵正史』(研文書院、一九七六年)
全国憲友会連合会編纂委員会編『日本憲兵外史』(研文書院、一九八三年)
台湾憲兵隊編『台湾憲兵隊歴史』(一九三二年〔龍渓書舎、一九七八年、復刻版〕)
田崎治久編『日本之憲兵』正・続(軍事警察雑誌社、一九一三年〔三一書房、一九七一年、復刻版〕)
谷寿夫『機密日露戦史』(原書房、一九六六年)
趙景達『異端の民衆反乱——東学と甲午農民戦争』(岩波書店、一九九八年)
趙恒来編著『日帝의 対韓侵略政策史研究——日帝侵略要人을 중심으로』(玄音社、一九九六年〔韓国〕)
朝鮮新聞社編『朝鮮統治の回顧と批判』(一九三六年〔龍渓書舎、一九九五年、復刻版〕)
朝鮮総督府編『朝鮮ノ保護及併合』(一九一八年)
内藤憲輔『伊藤公演説全集』(博文館、一九一〇年)
中塚明『日清戦争の研究』(青木書店、一九六八年)
原田豊次郎『伊藤公と韓国』(日韓書房、一九〇九年〔龍渓書舎、一九九六年、復刻版〕)
平塚篤編『伊藤博文秘録』(春秋社、一九二九年)
ベルネード著・松田正久訳『憲兵職務提要』(牧野善兵衛、一八八四年)
朴宗根『日清戦争と朝鮮』(青木書店、一九九二年)
洪淳権『韓末 湖南地域 義兵運動史 研究』(서울大学校出版部、一九九四年〔韓国〕)
洪英基『대학제국기 호남의병 연구』(일조각、二〇〇四年〔韓国〕)
朝鮮駐箚軍司令部編『朝鮮暴徒討伐誌』(朝鮮総督官房総務局、一九一三年)
『朝鮮駐箚軍歴史』(金正明編『日韓外交資料集成 別冊一』巌南堂書店、一九六七年)
松井茂『松井茂自伝』(松井茂先生自伝刊行会、一九五二年)
松田利彦解説『松井茂博士記念文庫旧蔵 韓国「併合」期警察資料』一～八(ゆまに書房、二〇〇五年)

宮内貫一『内国史料　参考憲兵要典』（高山堂、一八八二年）
宮田節子編・解説『朝鮮軍概要史』（不二出版、一九八九年、復刻版）
村田保定『明石大将越南日記』（日光書院、一九四四年）
森山茂徳『近代日韓関係史研究――朝鮮植民地化と国際関係』（東京大学出版会、一九八七年）
山本四郎『寺内正毅日記』（京都女子大学、一九八〇年）
『明治三十七八年戦役統計』（陸軍省編・大江志乃夫解説『日露戦争統計集』六、東洋書林、一九九四年、復刻版）
『隆熙二年警察事務概要』（警察月報第五号付録）

〈資料〉

『朝鮮憲兵隊歴史』一／一一～四／一一（防衛省防衛研究所所蔵）
『密大日記』、『陸満密大日記』、『壱大日記』、『弐大日記』（防衛省防衛研究所所蔵）
『日清戦役　陣中日誌』、『日清戦役雑』、『日清戦役類綴』、『日露戦役』（防衛省防衛研究所所蔵）
『参一発電報』一九〇九年八月一六日～一二月二四日（『千代田史料』四一五（防衛省防衛研究所所蔵））
『秘報告（武官等）』一九〇四年一一月～一九〇九年（『千代田史料』四七一（防衛省防衛研究所所蔵））
『明治三六～四十年　韓国駐箚軍書類』（『千代田史料』六二一（防衛省防衛研究所所蔵））
『韓国駐箚軍司令部編『明治四〇～四二　暴徒討伐概況』（『千代田史料』六二三（防衛省防衛研究所所蔵））
『状況報告（韓国駐箚軍）』一九一〇年一月一九日（『千代田史料』八一一（防衛省防衛研究所所蔵））
『韓国駐箚軍関係図面』（『千代田史料』一〇七〇（防衛省防衛研究所所蔵））
『公文類聚』（国立公文書館所蔵）
『公文雑纂』（国立公文書館所蔵）
『御署名原本』（国立公文書館所蔵）

『伊藤博文関係文書』（国会図書館憲政資料室所蔵）
『寺内正毅文書』（国会図書館憲政資料室所蔵）
『明石元二郎文書』（国会図書館憲政資料室所蔵）
『曾禰家関係文書』（国会図書館憲政資料室所蔵）
『倉富勇三郎文書』（国会図書館憲政資料室所蔵）
『山県有朋文書』（国会図書館憲政資料室所蔵）
『桂太郎文書』（国会図書館憲政資料室所蔵）
『日清韓交渉事件ノ際ニ於ケル軍用電線架設関係雑件』（「外務省記録」五―一―九―一（外務省外交史料館所蔵））
『議政府来去文』（奎一七七九三（韓国））

〈新聞・雑誌〉

『官報』
韓国『官報』
『福岡日日新聞』
『九州日日新聞』
『大韓毎日新聞』
『万朝報』
THE EASTERN WORLD
THE SEOUL PRESS
『軍事警察雑誌』

〈論文〉

飯嶋満「戦争・植民地支配の軍事装置——憲兵の活動を中心に」(山田朗編『近代戦争の兵器と思想動員——【もの】から見る日本史』青木書店、二〇〇六年)

李升熙「日本軍の「丁未義兵」鎮圧過程における憲兵隊台頭問題」(『文学研究論集』一五、明治大学大学院、二〇〇一年九月)

李升熙「旧韓末日本軍の「南韓暴徒大討伐作戦」についての一考察」(『文学研究論集』一九、明治大学大学院、二〇〇三年九月)

李升熙「清日・露日戦争期 日本軍의 軍用電信線 強行架設 問題」(『日本歴史研究』二一、日本史学会、二〇〇五年六月(韓国))

李延馥「旧韓国 警察考(一八九四〜一九一〇)——日帝侵略에 따른 警察権被奪過程 小考」(『서울教育大学論文集』四、一九七一年(韓国))

李延馥「日帝의 憲兵警察小考」(『李瑄根博士回甲紀念韓国学論集』一九七四年(韓国))

李瑄根「日帝総督府의 憲兵政治와 思想弾圧」(『韓国思想』八、一九六六年六月(韓国))

姜徳相「憲兵政治下の朝鮮」(『歴史学研究』三二一、一九六七年二月)

姜孝叔「第二次東学農民戦争と日清戦争」(『歴史学研究』七六二、二〇〇二年五月)

金龍徳「憲兵警察制度의 成立」(『金載元博士回甲記念論叢』金載元博士回甲記念論叢編輯委員会、一九六九年(韓国))

熊谷光久「明治期における統帥権の範囲の拡大——伊藤博文の抵抗」(『軍事史学』二四—四、一九八九年三月)

権九薫「日帝韓国駐箚軍憲兵隊의 憲兵補助員研究」(『史学研究』五五・五六、一九九八年一〇月(韓国))

辛珠柏「湖南義兵에 対한 日本軍・憲兵・警察의 弾圧作戦」(『歴史教育』八七、二〇〇三年九月(韓国))

慎蒼宇「憲兵補助員制度の治安維持政策的意味とその実態——一九〇八〜一九一〇年を中心に」(『朝鮮史研究会論文

集』三九、二〇〇一年一〇月）
慎蒼宇「武断統治期における朝鮮人憲兵補助員・巡査補の考察」（『歴史学研究』七九三、二〇〇四年一〇月）
孫禎睦「日帝侵略初期　総督統治体制와　憲兵警察制度」（『서울市立大学首都圏開発研究所研究論集』一一、一九八三年一二月〔韓国〕）
鄭昌烈「露日戦争에　대한　韓国人의　対応」（歴史学会編『露日戦争前後　日本의　韓国侵略』一潮閣、一九八六年〔韓国〕）
田中隆一「韓国併合と天皇恩赦大権」（『日本歴史』六〇二号、一九九八年七月）
対馬郁之進「朝鮮に於ける憲兵警察統一制度の考察」（一）、（二）（『法学論叢』四九―四・六、一九四三年一〇・一二月）
土屋正三「フランスの憲兵警察（一）・（二）」（『警察研究』五四―九・一〇、一九八三年九月・一〇月）
林敏「日露戦争直後における満州問題――韓国統監伊藤博文に対する一分析」（『史学研究』一九七、一九九二年五月）
朴成寿「一九〇七～一九一〇年間의　義兵戦争에　대하여」（『韓国史研究』一、一九六八年〔韓国〕）
松田利彦「日本統治下の朝鮮における警察機構の改編――憲兵警察制度から普通警察制度への転換をめぐって」（『史林』七四―五、一九九一年九月）
松田利彦「朝鮮植民地化の過程における警察機構（一九〇四～一九一〇年）」（『朝鮮史研究会論文集』三一、一九九三年一〇月）。
松田利彦「日本統治下の朝鮮における憲兵警察機構（一九一〇～一九一九）」（『史林』七八―六、一九九五年一一月）
松田利彦「韓国併合前夜のエジプト警察制度調査――韓国内部警務局長松井茂の構想に関連して」（『史林』、八三―一、二〇〇〇年一月）
森理恵「台湾植民地戦争における憲兵の生活環境――明治二八～三六年（一八九五―一九〇三）高柳彌平『陣中日

誌』より」（『京都府立大学学術報告人間環境学・農学』五六、京都府立大学学術報告委員会、二〇〇四年一二月）
山村義照「朝鮮電信線架設問題と日朝清関係」（『日本歴史』一九九七年四月号）
山本四郎「韓国統監府設置と統帥権問題」（『日本歴史』三三六号、一九七六年五月）
柳漢喆「日帝韓国駐箚軍의 韓国侵略過程과 組織」（『한국독립운동사연구』六、독립기념관、一九九二年一二月（韓国））
尹炳奭「日本人의 荒蕪地開拓権要求에 対하여」（『歴史学報』二四、一九六四年（韓国））

had been consistent from the implementation of the 'military police' from the time of the Russo-Japanese War.

As shown above, while Japan undertook the colonization of Korea through the process of corrosion of political power, making the country in need of protection, and merger, the role of the JMP in Korea changed its position along with the progress of its colonization to oppress Korean people with force and conciliatory measure to subdue the resistance as well as the cruel monitoring and suppressing with its high intelligence and enforcement of Japanese control in support of deepening control of Japan on Korea in the aspect of the security maintenance.

speech of the respective representative and others in light of the situation at the time of merger of Korea, and attempts to clarify the purpose of unifying the military police and the police. Since becoming the commander of JMP in Korea with the full confidence of Terauchi, Akashi Motojiro contributed in expansion of power for the military police and attempted to unify the Korean police agency with his great performance record. However, Matsui Shigeru Policy Chief presented strong opposition for the interference of the military agency, the military police, in the administrative agency in police affairs. The argument of Matsui who was also a legal theorist was under the legal principles and civilization theory that Ito and Sone who was the civilian officer could not ignore the argument. However, the 'military police fundamentalist', Terauchi, was to suddenly undertake the Residency General position to determine the military police -police unity to establish the military police and police system with two months before the merger of Korea that the Korean police was under the command and supervision of the JMP in Korea. The purpose of military police - police unification was not in undertaking of security works by the military police by absorbing the Korean police, but was in undertaking the high level intelligence works by the military police. After the regressing of the Righteous army in Korea from the 'Great put down In South Korea', the biggest obstacle of merger of Korea was in national movement and press against Japan, and the oppression of them by the enforcement of the high level police was the essential condition to dispose before the merger. This was also purported on 'preventing the chaos' after the merger. The objectives of the military police in Korea had been consistent to structure the higher police-oriented security system by the military police, and it

simultaneously, it analyzes the details of the 'Operation to Subdue the rebels in South Korea' to take a look at the role that the JMP undertook in the operation. Ito had the Righteous army suppression policy to change from its use of force to simultaneous use of force and conciliatory measure that included the encouragement of righteous armies surrender, 'Tour of Korean Emperor to South and North' to control the consensus of Korean general public. The JMP had significant outcome by working as the central agency for the surrender policy, and hired the Korean people as the assistants for the Korean people to facilitated in suppression of the Righteous army for its 'military police assistant system' that solidified the position of the JMP as the 'security' maintaining agency with the connection of the surrender encouragement policy. However, when the expected tour back fired with the resistance from the Korean people, Ito resigned from the Residency General, and Sone Arasuke followed him. But, the basic policy in implementing the conciliatory measure simultaneously was succeeded that it had some weight in conciliatory measure, a form of mental suppression, along with the forcible oppression in the 'Operation to Subdue the rebels in South Korea' mass scale operation to suppress righteous armies by mobilizing a large military maneuvering. At this time, the JMP was scattered around the country with the broadening authority into the general security affairs as the police agency, and was not a great factor in this operation, however, the JMP within the operation area had contributed greatly together with the police through the patrolling and searching activities.

In Chapter IV, the confrontation of both parties with the unification issue of the military police and the police is to review by analyzing the

Residency General was established and the JMP in Korea was temporarily curtailed, however, it was able to continue its high intelligence police activities.

After 1907, under the heightening period of the Righteous army movement in Korea, the JMP in Korea met the opportunity to expand its authority even more. In the previous studies represented by Matsuda Toshihiko, the 'military police Superiority Theory' that is found in outstanding suppression capability of military police against the guerilla activities has some problems in its verification in its base data of 『Joseon Rebel put down Record』, and there was a question in the attitude of the JMP considering the police as its rival, and its adhesion to the 'put down result'. The factors of expanding the JMP was to be found in international issue in massacre of Korean people done by the Japanese garrison at the time and the command and supervision of the JMP were in the Residency General unlike that of the Japanese garrison. The Ito Hirobumi Residency General was confronting against Hasegawa with the issue of military command since the Residency General was established, and it had a strong characteristic in attempting to expand the police organization in Korea through the expansion of the JMP that was absorbed into the Residency General, rather than the Japanese garrison that was difficult to control. Obviously, the JMP was not really comparable to the competence of the garrison that had superior forcible actions in the battle situation against the Righteous army activities, and in fact, the central part of controlling the Righteous army was on the Japanese garrison in its entire period.

In Chapter III, it reviews the role of the JMP in the action plan of Ito for his righteous armies conciliatory measure is reviewed, and similar period. And, the 'generous' Komura-Weber Memorandum to the military police resulted in finalizing the JMP to station in Korea. The Provisional Military Police publicly undertook the 'security maintenance' activities on the electric line areas under the name of protecting the telegraphic, and for this purpose, it used the forcible actions as well as the conciliatory measure together, and this epitomized the beginning of the JMP activities and its characteristics in later times.

In Chapter II, this study review has been made in the ways of the JMP in Korea expanding its authority through the Russo-Japanese War and the ways of the JMP expanding its organization as the police agency during the heightening period of the Righteous army before and after the war in a way of contemplating the factors and principles of expanding the JMP. The Russo-Japanese War was the major turnaround to expand the authority of the JMP dispatched in Korea for the purpose of protecting the electric line for military use. The factors were the military regulations, military administration and 'military police' that were unilaterally promulgated and enforced by the Japanese Military under the name of 'security maintenance' as considering Korea as the occupied area under the War. The JMP was the main party for such activities, and expended its authorities during the War. Thereafter, the idea to enable the JMP in Korea to enforce the higher police works to take on the security maintenance had been enrooted in the military, and the representatives were the military commander Hasegawa Yoshimichi at the time who was in charge of military administration, military regulation and 'military police' as well as the Minister of Army, Terauchi Masatake and others. However, as the result of ending the Russo-Japanese War, the

Researches in the Japanese Military Police during the Process of the Colonization of Korea

Lee Sung Hee

The purpose of this thesis is to clarify what was the role of the Japanese Military Police (JMP) during the process of the colonization of Korea with respect to the review on its characteristics of activities and review on expansion of the organization from the period of 1896 -1910, namely, the time of dispatching the JMP to Korea under the name of protecting the military electric lines after the First Sino-Japanese War to the time of the Japanese annexation of Korea when the JMP took over the police right of Korea.

In Chapter I, the characteristics of the military police system of Japan at the time is introduced. Then, the study contemplates the background factors to dispatch the JMP to Korea, reviews the process of establishing the Provisional Military Police and it's dispatching, and analyzes the characteristics of the activities of the Provisional Military Police. The justification for Japan to dispatch its JMP to Korea for the first time was to protect from the attack of Korean people for its electric lines for military use as it installed and operated in Korea without authorization during the time of the First Sino-Japanese War. The JMP that was a military unit but considered as non-combat unit with the police characteristics was expected of its role as the 'security maintenance' agency, and the Provisional Military Police was founded in January 1896. In addition, this was in connection with the expansion of the military police system within the Territory of Japanese Empire that it was influenced from the suppression of the rebellion by JMP that was dispatched to Taiwan in the

著者紹介

李 升 熙 (Lee Sung Hee)

1971年、韓国ソウル市生まれ。
明治大学大学院文学研究科博士課程修了。博士（史学）
現在、韓国中央大学校歴史学科非常勤講師。
主な論文 「日本軍の「丁未義兵」鎮圧過程における憲兵隊台頭問題」（『文学研究論集』15、明治大学大学院、2001年）、「旧韓末日本軍の「南韓暴徒大討伐作戦」についての一考察」（『文学研究論集』19、明治大学大学院、2003年）、「清日・露日戦争期 日本軍의 軍用電信線 強行架設問題」（『日本歴史研究』21、日本史学会、2005年〔韓国〕）、「韓国併合条約 前後期의 駐韓日本軍 憲兵隊 研究——憲警統一 問題를 中心으로」（『日本歴史研究』26、日本史学会、2007年〔韓国〕）

韓国併合と日本軍憲兵隊——韓国植民地化過程における役割

2008年9月15日 第1版第1刷発行

著 者＝李 升 熙
発 行＝株式会社 新 泉 社
東京都文京区本郷2-5-12
振替・00170-4-160936番 TEL 03(3815)1662／FAX 03(3815)1422
印刷／三秀舎 製本／榎本製本

ISBN 978-4-7877-0815-1 C1036